U0339700

Six Not-So-Easy Pieces

费曼讲物理：相对论

Richard P. Feynman

[美] 理查德·费曼●著

周国荣●译

CTS K 湖南科学技术出版社

图书在版编目（CIP）数据

费曼讲物理．相对论 /（美）理查德·费曼著；周国荣译．—长沙：湖南科学技术出版社，2019.6
（走近费曼丛书）
书名原文：Six Not-So-Easy Pieces: Einstein’s Relativity, Symmetry,and Space-Time
ISBN 978-7-5710-0019-6

Ⅰ．①费…　Ⅱ．①理…　②周…　Ⅲ．①物理学—普及读物②相对论—普及读物　Ⅳ．① O4-49
中国版本图书馆 CIP 数据核字（2018）第 276145 号

FEIMAN JIANGWULI：XIANGDUILUN
费曼讲物理：相对论

著者
[美] 理查德·费曼
翻译
周国荣
责任编辑
吴炜　陈刚　李蓓
书籍设计
汪赵冲　邵年
出版发行
湖南科学技术出版社
社址
长沙市湘雅路 276 号
http://www.hnstp.com
湖南科学技术出版社
天猫旗舰店网址
http://hnkjcbs.tmall.com
邮购联系
本社直销科　0731-84375808

印刷
长沙超峰印刷有限公司
厂址
宁乡县金州新区泉洲北路 100 号
邮编
410600
版次
2019 年 6 月第 1 版
印次
2019 年 6 月第 1 次印刷
开本
880mm×1230mm　1/32
印张
6.75
字数
163000
书号
ISBN 978-7-5710-0019-6
定价
48.00 元

目 录

第五章　空间和时间

第六章　弯曲空间

出版者的话

《费曼讲物理：入门》（由Addison–Wesley出版公司于1995年出版）这本小册子无与伦比的成功与畅销，激发起公众、学生甚至科研人员想要得到更多费曼的书面讲义和录音材料的强烈要求。因此，我们重新翻阅了原《物理学讲义》和加州理工学院的讲课记录，看一看是否还有更加“容易读的”篇章。结果没有找到。不过，倒是有许多不那么容易读的讲稿，这些讲稿尽管用到一些数学方法，但是，对于刚刚入门的理科学生来说，它们并不算太难；对于学生和非物理专业的人士来说，这六章讲稿与先前那六章同样令人兴奋、引人入胜和使人愉悦。

这些不那么容易读的篇章与先前那六篇之间的另一个差别是，先前那六个专题跨越了物理学中从力学到热力学以至到原子物理学的若干个领域。然而，大家手头上这六个新的问题却都围绕着一个主题，这个主题已经引发了从黑洞到虫洞，从原子能到时间反常等多项在现代物理学中最具革命性的发现和令人叹为观止的理论；我们所说的当然就是相对论了。不过，即使是相对论的创立者爱因斯坦大师本人，对这个理论所创造出来的奇迹、这个理论的作用以及它的基本概念，也无法做出像来自纽约的理查德•费曼这样的解释，这一点大家在阅读这些章节或者聆听CD录音时就会得到证明。

Addison-Wesley Longman出版公司衷心感谢罗杰·彭罗斯为这一辑演讲汇编所写的精辟的前言；感谢布赖恩·哈特菲尔德和大卫·皮内斯在挑选这六章讲义时提出的非常宝贵的建议；还要感谢加州理工学院物理系及档案研究所，特别要感谢朱迪思·古德斯坦在规划出版这本小册子及其CD录音中给予的协助。

前言

罗杰•彭罗斯

1996年12月

要了解理查德•费曼成为一代宗师的原因，就得对这位科学家的卓越成就做出正确的评价。理查德•费曼无疑是20世纪理论物理学界的杰出人物之一。他对这个领域的主要贡献是全面发展了将量子理论应用到当代前沿研究领域所使用的独特的方法，并且由此对这个领域的当代图景产生重大的影响。费曼路径积分、费曼图和费曼规则都属于现代理论物理学家所用的非常基本的工具之列，这些工具是将量子理论的规则应用到各个具体领域（如电子、质子和光子的量子理论）时所必需的，它们构成了使量子规则与爱因斯坦的狭义相对论的要求相一致的处理方法的基本要素。尽管这些概念没有一个是轻易就搞得懂的，但是，费曼独特的处理方法总是使它们极其清晰明了，完全消除了以往的做法中不必要的复杂化。费曼在科学研究中独特的创新能力与他作为一名教师的特殊才能有密切的联系。他有一种独一无二的天赋，使他能够避开那些常常令物理结果的本质难以理解的复杂性，透彻地理解深奥难懂的基本物理原理。

然而，在公众的观念中，费曼更为人们所熟知的是他的滑稽与诙谐、他的恶作剧、他对权势的藐视、他的手鼓表演、他与女性无论是深挚还是肤浅的交往、他在脱衣舞夜总会的出没、晚年想要踏足地处中亚的偏僻国度图瓦的冒险尝试，以及许许多多其他的言行举止。毋庸置疑，理查德•费曼必定绝顶聪明，他快如闪电的演算速度，他开保险箱的技巧、与保安部门的巧妙周旋以及解读古玛雅经文的业绩——更不用说他最终获得的诺贝尔奖——都无疑证明了这一点。然而，作为20世纪造诣最深和最具独创性的思想家之一，这些业绩没有任何一项完全体现他在物理学家和其他科学家中所具有的不容争辩的地位。

著名的物理学家和作家、费曼提出其最重要的思想时的一位早期合作者弗里曼•戴森，于1948年春当他还是康奈尔大学的研究生时，在给他英国的父母的一封信中写道，“费曼是年轻的美国教授，天才与小丑对半，他那旺盛的活力使所有物理学家以及他们的孩子们笑口常开。然而，我最近发现，他所具有的品格远不止这些……”多年以后，他在1988年又这样写道：“一个真实的写照倒是该这样说，费曼既是天才又是小丑。深邃的思想和充满欢乐的逗趣并不是多重人格中相互孤立的要素……他思索与逗趣并举。”[1]的确是这样的，在他的演讲中，他的才智是自然流露的，而且常常是非比寻常的。在整个演讲中，他驾驭着听众的注意力，但决不会偏离演讲的目的，那就是对自然法则原汁原味的、深刻理解的表述。通过笑声，他的听众得以放松而无拘无束，不会因为那些有点吓唬人的数学表达式和高深莫测的物理概念而感到沮丧。还有，虽然他乐于身处公众场所，而且无疑是一位杂耍演员，但这并不是他表演的目的。他的目的是向公众传播关于基本物理概念，以及为了恰如其分地表述这些概念所必需的基本数学工具的某些基本认识。

---

1. 戴森的引文可以分别从他的著作*From Eros to Gaia*（Pantheon books, New York,1992）第325页和第314页中找到。

尽管笑声在他成功地驾驭听众的注意力方面至关重要，但是，对于物理基本认识的传播，更重要的是他的方法的直接性。的确如此，他有一种特别直接的、讲求实际的风格。他藐视那种几乎没有物理内容的不切实际的哲学思辨。甚至连他对数学的态度也有点相似。他几乎从不为了卖弄数学上的严谨性而使用数学，但是，对于他所需要的数学，他具有一种独特的技巧，并且能够以一种极其明晰的方式将其表述出来。他从不受人恩惠，也从来不轻易接受那些别人认为是正确的而未经自己独立判断的观点。因此，他的方法无论在他的研究工作中还是在他的教学过程中都是特别新颖的。于是，当费曼的方法与从前的方法明显不同时，遵循费曼的方法会更富有成效，这个想法将是一个相当有把握的赌注。

费曼最喜欢用来传达信息的方法是口头交谈。他不轻易也不常委身于印好的文字。在他的科学论文中当然会出现"费曼特性"了，不过读起来就有点像降了调的样子。费曼的才智正是在他的演讲中表露无遗。他那家喻户晓的《物理学讲义》基本上是他的演讲记录的校订稿（由罗伯特•B. 莱顿和马修•桑德斯负责），对于每一位拜读这份演讲稿的人，它那引人瞩目的特性是显而易见的。这里呈献给大家的小册子《费曼讲物理：相对论》就是从那些记录中整理出来的。不过，即使在这里，单纯印出来的文字使某些东西明显地丢失了。我相信，要感受费曼的演讲中洋溢的全部活力，就必须亲耳聆听他的声音。这样，费曼方法的直接性、他对权势的傲慢，以及他的幽默就会成为我们能够即时分享的财产。幸运的是，所有这些演讲都被记录在这本书中，它给予我们这种机会——而我则强烈地建议，只要有机会，至少先听几段这些演讲的录音。一旦聆听了费曼用带有纽约这个现代化大都市的声调说出的有说服力、迷人和风趣的解说词，我们就不会忘记他是怎样演讲的，当我们阅读他的讲稿时，这些录音向我们提供一种理解其意义的图像。不过，无论我们是否真的去读这些讲稿，我们都能分享到某些明显令人激动的东西，当费曼对支配我们这个宇宙的各种运作方式的不同寻常的规律进行探索、探索、再探索时，他亲身感受到了这种激情。

这本六次演讲的小册子是经过精心挑选的，它的程度比早些时候由费曼的演讲汇集成的《费曼讲物理：入门》中的六个问题稍微高一点。此外，这些演讲相互配合得恰如其分，构成了现代理论物理学中一个最重要领域的完美而具有说服力的解说。

这个领域就是相对论，它在20世纪初首次闯入人类的意识中。爱因斯坦的名字显著地出现在这个领域的公众观念中。毫无疑问，是爱因斯坦于1905年首次清晰地阐明了相对论的深刻原理，为物理学为之努力的这个新领域奠定了基础。不过，在他之前，许多其他人，特别是H.A.洛伦兹和H.庞加莱，已经意识到（当时的）新物理学的大多数基本观念。此外，在爱因斯坦之前几个世纪，伟大的科学家伽利略和牛顿已经指出，在他们创立的动力学理论中，一个匀速运动的观测者感知到的物理定律应该与一个静止观测者感知到的一模一样。到了后来，当J.C.麦克斯韦于1865年发表了支配电磁场以及光的传播的方程组之后，这种观点的关键问题才显露出来。结论似乎是：伽利略和牛顿的相对性原理不再适用；根据麦克斯韦方程组，光必定以确定的速度传播。因此，根据以下这个事实，即只有静止观测者才会看到光速在各个方向相同，就将一个静止的观测者与运动的观测者区分开。洛伦兹、庞加莱和爱因斯坦的相对性原理与伽利略和牛顿的不同，但它同样具有以下含义：一个匀速运动的观测者感知到的物理定律确实与一个静止观测者感知到的一模一样。

此外，在新的相对论中，麦克斯韦方程组与这个原理相容，而且，无论观测者可能朝哪个方向或者以怎样的速率运动，测量到的光速在各个方向上是一个确定的常数。如何实现这个魔法般的奇迹以调和那些明显令人绝望的相互矛盾的要求呢？我将把这个问题留给费曼，让他用自己独特的方式讲解。

相对论也许是物理学感受到对称性这个数学概念的力量的第一个领域。对称性是一个常见的概念，不过，怎样能够根据一套数学表达式使用这个概念，人们就不太熟悉了。但是，为了使一个方程组满足狭义相对论的原理，人们需要的正是这样一个概念。为了与相对性原理一致，必须存在一个对称变换，将一个观测者的观测量变换成其他观测者的相对应的量。相对性原理认为，对一个匀速运动的观测者来说，就如同对一个静止的观测者来说一样，物理现象“看起来是相同的”。之所以使用对称性这个概念，是因为物理定律在每一个观测者看来是相同的，而且，“对称性”最终断言，某些事物从两个截然不同的观点上看具有相同的行为。费曼用到具有这种特性的抽象问题上的方法是非常直截了当的，他能够以一种不具备任何特殊数学知识或者抽象思维天赋的人易于接受的方式表达这种概念。

尽管相对论揭示了从前不曾认识到的额外的对称性，但是，物理学中一些更现代的发展已经表明，某些先前被认为是普遍适用的对称性实际上莫名其妙地被破坏了。这个情况在1957年给物理学界带来了一次意义最为深远的冲击，正如李政道、杨振宁和吴健雄的工作展现的那样，在某些基本物理过程中，一个物理系统与其镜面反射所遵循的规律并不相同。事实上，费曼参与了能够容纳这种不对称性的物理理论的发展研究。因此，他在这本小册子中的解说将随着大自然的奥秘不断被揭示出来而生动地展开。

随着物理学的发展，用以表述新的物理定律的数学形式体系也要发展。当数学工具被巧妙地应用到相应的课题中时，它们就会使物理学看起来好像更简单。矢量运算的概念就是一个例子。三维矢量运算原先是为了处理普通空间的物理学问题而发展起来的，它向我们提供了一件用来表述物理定律的珍贵的工具，牛顿物理学定律就是这样的定律，这些定律在空间上没有哪一个方向更为优先。将这个特性用另一种方式表述出来就是，物理定律在普通的空间旋转下具有对称性。费曼令矢量表示法恢复了巨大的威力，使表述这种定律的基本思想重放异彩。

然而，相对论告诉我们，在这种对称变换的作用范围内，时间也应该被引入，因此要用到四维矢量运算。这种运算也由费曼在这本小册子中给我们做了介绍，这本小册子还使我们认识到，不仅时间和空间必须被看做同一个四维体系的不同方面，在相对论的方案中，对能量和动量有同样的要求。

从物理上看，宇宙的历史应该被看做一个四维时空，而不是被看做一个随时间演化的三维空间，这个观点无疑是现代物理学的基本原理。这是一个其含义不容易被领会的观点。甚至连爱因斯坦在第一次听到这个观点时都没有认同它。实际上，空间-时间的观点并不是爱因斯坦的观点，尽管如此，在公众的头脑中，这个观点常常被认为是爱因斯坦创造的。是德国籍的俄国几何学家H.明可夫斯基于1908年，即庞加莱和爱因斯坦系统地阐述了狭义相对论之后几年，第一次提出了四维时空的观点，明可夫斯基曾经是爱因斯坦在苏黎世工学院求学时的一位老师。在一次著名的演讲中，明可夫斯基宣称："从今以后，孤立的空间，以及孤立的时间注定要退隐成为纯粹的阴影，只有两者之间的某种统一才会保留下来作为一个独立的实体。"[1]

我在上面提到的费曼最有影响力的科学发现来源于他从事量子力学研究时使用的时空方法。因此，空间–时间对于费曼的工作以及对于现代物理学普遍的重要性是无需多言的。正因为如此，费曼在推广他那强调其物理意义的时空概念时具有说服力就不会令人感到意外了。相对论不是凭空想象出来的哲学体系，空间–时间也不仅仅是数学的形式体系。它是我们生活于其中的这个真实宇宙的基本要素。

当爱因斯坦对时空概念变得习以为常之后，他就把这个概念完全接纳到自己思考问题的方式中。这个概念成了他那个狭义相对论（我在前面介绍过的由洛伦兹、庞加莱和爱因斯坦提出的相对论）的推广理论即广义相对论的基本要素。在爱因斯坦的广义相对论中，时空变成弯曲的，我们能够将引力现象结合到这种弯曲中去。显然，这是一个难以领会的观念，而在这一辑演讲汇编的最后一讲中，费曼并没有尝试叙述为了使爱因斯坦的理论得到完整而系统的表述所必需的详尽的数学工具。不过，为了使我们理解上述基本概念，他用具有深刻见解的引人入胜的类比做了极其生动的表述。

费曼在所有演讲中都极力保持其叙述的准确性，每当他的简化或者类比存在任何可能被误解或导致错误结论的危险时，他几乎总是要

---

1. 引自相对论领域的开创性文献，由爱因斯坦、洛伦兹、外尔和明可夫斯基合写的《相对论原理》（Methuen and Co. 1923年初版）的多佛重印本。

对自己所说的话附加条件。不过，我觉得他对爱因斯坦广义相对论的场方程的简化说明需要一个他完全没有给出的条件。由于在爱因斯坦的理论中作为引力源的“有效”质量并不是简单地（根据爱因斯坦的 $E=mc^2$）与能量等同；取而代之的是，这个源是能量密度加上压强的总和，而正是这个源令引力造成向内加速的行为。有了这个附加的条件，费曼的解说就完美了，而且为物理学理论的这种最完美和自洽的特性准备了一个极好的介绍。

虽然费曼的演讲当之无愧地针对那些无论是出于专业需要，还是仅凭兴趣而渴望成为物理学家的人，它们无疑也适合那些没有这个愿望的人。费曼坚信（我同意他的意见），根据已经认识到的现代物理学的基本原理去传播我们对宇宙的认识，比起仅仅从物理课所规定的教学内容中获得的知识，其重要性要广泛得多。甚至在晚年，当他参与“挑战者号”灾难事故的调查时，他也煞费苦心地在国家电视节目中证明，灾难的原因是某些在日常事件中就应该能够觉察到的东西，他还在电视摄像机前做了一个简单但令人信服的实验，用来说明航天飞机的“O”形环在寒冷条件下的脆弱特性。

他无疑是一位杂耍演员，有时候甚至是一个小丑；但是，他的首要目的总是严肃认真的。而又有什么事情的目的能够比在最深刻的层次上认识我们这个宇宙的特性更为严肃认真的呢？在传播这种认识方面，理查德·费曼的地位是至高无上的。

特别序言

（选自费曼《物理学讲义》）

大卫·L. 古德斯坦
格里·纽吉堡尔
1989年4月于加州理工学院

在他生命的暮年，理查德·费曼的声望已经超出了科学界的范围。作为调查“挑战者号”航天飞机灾难事故委员会的一员，他的功绩使他广为人知；同样，一本有关他那富于传奇色彩的生涯的畅销书使他成为人们心目中几乎与阿尔伯特·爱因斯坦并驾齐驱的著名人物。不过，哪怕退回到1961年，在他获得诺贝尔奖而在公众中声名大噪之前，费曼也并不仅仅在科学界闻名——他是一个传奇式的人物。他那非凡的教学才能无疑促使其传奇故事广为流传，并增添了神奇的色彩。

他不愧是一个伟大的教师，也许是自他那个时代以来最出色的。对于费曼来说，演讲大厅就是一个大剧场，演讲的人就是一个演员，既负责提供剧本，也要提供渲染演出效果的焰火以及要传达给听众的事实和数字。他会在讲坛上来回走动，挥动着双手，“理论物理学家与马戏团的杂耍演员两者难以做到的结合，在所有身体动作和声响效果上”，《纽约时报》这样写道。不论他演讲的听众是学生、同事还是公众，那些有幸目睹费曼演讲的人，对其讲演的感受都是非比寻常的，而且总是难以忘怀，就像对费曼本人一样。

他是一个喜剧大师，善于吸引各种层面的听众的注意力。许多年前，他讲授过一门高等量子力学课程，这是为加州理工学院的一些在校研究生和该校物理系的大部分教师开设的一门大课。在其中一次讲课中，费曼开始说明如何用图解法表达某些复杂的积分：时间用这根轴表示，空间用那根轴表示，这条直线就用波状线表示，等等。在描述完物理学界熟知的费曼图之后，他转过身来面对着全班学生，诡秘地咧嘴笑道："这就是那个图！"费曼的演讲结束了，演讲大厅爆发出一阵阵自发的喝彩和掌声。

在完成本书讲义之后许多年里，费曼偶尔担任了加州理工学院大学一年级学生的物理学课程的客座授课。由他出马自然要保密，使得演讲大厅中有座位留给那些登记选课的学生。在这样一次演讲中，主题是弯曲的时空，费曼表现得特别出色。不过，最令人难忘的时刻却是在演讲开始的时候。当时1987超新星刚刚被发现，费曼对此感到非常兴奋。他说："第谷•布拉赫有他的超新星，开普勒也有。之后400年间就再也没有过了。可是现在，我也有我的超新星了。"教室里安静下来了，费曼继续说道："在银河系中有10^{11}颗星星。通常，这是一个巨大的数字。但是，这只不过是 1000 亿而已。它比我国的财政赤字还小呢！我们通常把这些数字叫做天文数字。可现在，我们应该把它们叫做经济学数字了。"全班情不自禁地大笑起来，而费曼，在抓住了听众之后，继续他的演讲。

除了表演才能之外，费曼的教学技巧并不复杂。我们在加州理工学院档案库保存的文件里找到了说明他的教学理念的一段概括性的话，这是他1952年在巴西时为自己匆忙写下的一张便笺：

"首先要搞清楚你为什么要学生学这个专题，以及你要他们知道哪些东西，至于用什么方法就或多或少由常识给出了。”

费曼所谓的“常识”常常就是完全抓住问题本质的出色技巧。在一次对公众的讲演中，他要解释为什么不可以用提出观念的同一组数据来检验这种观念。似乎是偏离了演讲的主题，费曼开始讨论汽车牌照问题。“你们看，今晚发生了一件最令我吃惊的事情。当时，我正到这里来演讲，我穿过停车场进来了。你们不会相信发生了什么事情。我看到了一辆汽车，车牌是ARW 357。你能想象吗？在全国几百万个车牌中，今晚我看到这个特殊车牌的机会有多大？真令人惊奇！”甚至许多科学家也未能掌握的问题，通过费曼那非比寻常的“常识”却弄明白了。

在加州理工学院的35年中（1952~1987），费曼创下了讲授过34门课程的纪录。其中25门课程是研究生的高级课程，只限于研究生修读，本科生要修读这些课程需要获得批准（他们常常修读这些课程，因为请求几乎总是获得批准）。其余的课程主要是研究生的入门课程。纯粹为本科生开设的课程，费曼只教过一次，这就是在1961~1962学年和1962~1963学年备受称道的那一次，在1964年又简略地重讲了一次，这次讲课的内容后来就编成了《物理学讲义》。

当时，加州理工学院中有一个共识，那就是大学一、二年级的学生常被头两年必修的物理学课程搞得情绪低落、毫无兴趣，而不是受到激励。为了纠正这种状况，学院要费曼给学生开设一系列覆盖两年时间的讲座，先给一年级的学生讲，接着再给升上二年级的同一班级的学生讲。在得到他同意后，学院很快就决定，将讲课的内容记录下来出版。结果发现，这项工作比人们想象的要困难得多。要将讲课的内容整理成可以出版的讲义，费曼的同事需要做大量的工作，而他本人也一样，要对每一章的内容做最后校订。

课前还得先讲一讲开设这门课程的基本想法和组成部分。由于费曼对要讲什么只有一个不明确的大纲，使这项工作变复杂了。这意味着，只有当费曼站在坐满学生的演讲大厅中讲课时，人们才知道他要讲些什么。然后，学院里协助他工作的教授就会急急忙忙地处理像编写课外作业之类的琐碎细节。

费曼为什么要花上两年多的时间改革普通物理学的教学方法呢？人们只能推测其中的原因，不过，基本的原因大概有三个。第一个是他喜欢有一大群听众，这给了他一个比研究生课程中所拥有的更大的剧场；第二个是他真诚地关爱学生，他朴素地认为，教大学一年级的学生是一件重要的事情；第三个而且可能是最重要的原因是，按照他自己的理解来重整物理学，使得能够把它传授给年轻的学生，这是一项极富挑战性的工作。这是他的特性，是他衡量某件事情是否真正理解了的标准。有一次，学院的一位老师请费曼解释自旋等于1/2的粒子为什么服从费米–狄拉克统计。他完美地给这位听众解释了一番，并说道，“我将就这个问题为大学一年级学生开一次讲座。”可是过了几天他回来说，“不行，我干不了这件事。我没法把它简化到大学一年级的水平。这意味着实际上我们并不理解它。”

将艰深的概念化解为简单的、可以理解的词句，这种特色在整部《物理学讲义》中都很明显，但是，表现得最突出的是他对量子力学的讨论。对于那些费曼迷来说，他所做的事情是清楚的。他向刚入门的学生介绍了路径积分方法，这是他发明的用来解决某些最深奥的物理问题的方法。他用路径积分所做的工作，以及其他成就，使他与朱利安•

施温格和朝永振一郎一起分享了1965年度的诺贝尔奖。

掀开久远记忆的面纱，许多参加过讲座的学生和教师都说，与费曼共度物理学课程的两年时光是人生难得的一次经历。不过，当时的情况似乎并不是这样。许多学生害怕进入教室，随着课程的进展，来上课的注册选课的学生人数开始急剧地下降。可是同时，越来越多的教师和研究生开始来听课了。教室一直挤得满满的，费曼也许从来就不知道他正在失去一部分他特意要争取的听众。不过，即使在费曼看来，他在教学方法上的创新尝试也并不成功。1963年他在《物理学讲义》的序言中写道："我不认为我对学生做得很好。"重读这些讲义，人们有时似乎感到费曼正注视着他的同事而不是他的年轻学生，说道，"看哪！看一看我是如何略施小计解决这个问题的！难道这不是很巧妙吗？"可是，即使他认为他是在给大学一、二年级学生做出浅显易懂的解释，真正能够从他做的事情中获得最大收益的却并不是他们。这个巨大成就的主要受益者是他的同行们——科学家、物理学家和教授，透过理查德•费曼那新颖的和富有活力的观点审视物理学。

费曼不仅是一位伟大的教师；他的才华在于他是教师们的一个出色的老师。如果编写《物理学讲义》的目的只是为挤满一堂的大学本科生解决物理学课程的考试问题，那么，他并不特别成功。而且，如果原来的意图是把这些讲义用作大学的入门教科书，也不能说他实现了目标。尽管如此，这套讲义已经被翻译成10种语言，并且有4种双语版本。费曼本人认为，他对物理学最重要的贡献不是量子电动力学，不是液氦的超流理论，不是极化子模型，也不是部分子模型。他的主要贡献是这3本《物理学讲义》。这个看法表明，出版这几本备受称道的讲义的这个纪念版是完全有道理的。

费曼的序言

(选自费曼《物理学讲义》)

理查德·费曼

1963年6月

这是我去年与前年在加州理工学院给大学一、二年级学生讲授物理学时的讲义。这本讲义当然不是逐字逐句的讲课记录稿——它们或多或少都经过编辑加工。讲课只是构成整个课程的一部分。全班180个学生每周两次聚集在一个大教室中听课，然后分成15～20个学生一组的复习讨论小组由助教进行辅导。此外，每周还有一次实验课。

在这些课程中，我们想要解决的主要问题是，使那些充满热情而且相当聪明的中学毕业后进入加州理工学院的学生仍然保持他们的兴趣。他们早就听许多人说过物理学如相对论、量子力学和其他近代概念是如何有趣、如何引人入胜了。但是，当他们学完两年我们以前的那种课程后，许多人就泄气了，因为教给他们的实际上很少有意义重大的、新颖的和现代的观念。要他们学的还是斜面、静电及诸如此类的内容，两年过去了，不免令人相当失望。问题是，我们是否能开设一门课程来顾全那些更优秀、更勤奋的学生，使他们保持求知的热情。

这份讲义完全不是概论性的，而是一门极其严肃认真的课程。我设想这些课程是对班级中最聪明的学生讲的，而且只要有可能，就要确保甚至最聪明的学生也不能完全消化讲课中的所有内容（通过在讲课中提出一些有关的观念和概念在主要线索之外各个方向上的应用）。为此，我试图使所有的陈述尽可能准确，在每种场合都指出有关的公式和概念在整个物理学中占有什么样的地位，以及（随着学习的深入）应该怎样做出修正。我还感到，对于这样的学生，重要的是向他们指出，哪些东西是他们通过对已学过的知识进行演绎就应该能够理解的（如果他们足够聪明的话），哪些东西是作为新东西而引入的。每当新概念出现时，如果这些概念是可以推演出来的，我就尽量把它们推演出来，否则就说明这是一个新概念，它不以任何他们学过的知识为基础，而且认为它是不能证明的——它只是新引进来的。

在课程开始时，我假定学生们在中学毕业时已经知道了某些内容——比如说几何光学、简单的化学概念等。我也看不出有任何理由要按某个确定的顺序来讲授这门课，这个顺序意味着在做好准备详细讨论某个概念之前，我不能提到这个概念。我在讲课中曾经提到过许多将会详细讨论的内容，而提到时并未进行充分的讨论。这些问题的更完整的讨论要等到以后当学生的预备知识更充足时再进行。对电感和能级的讨论就是两个例子，最初只是以非常定性的方式引入这些概念，后来才更全面地展开讨论。

在对准那些更主动的学生的同时，我也希望照顾到另一些学生，对他们来说，这些额外的五花八门的内容和附带的应用只会使他们感到烦恼，也根本不指望他们能听懂讲课中的大部分内容。对这些学生，我希望至少有一个他能够掌握的中心内容或主干材料。即使他并不理解一堂课中的所有内容，我希望他也不要紧张不安。我并不要求他理解所有的内容，只要求他理解核心的和最直接的部分。当然，他也得有一定的水平来领会哪些是主要的定理和概念，哪些是更复杂的枝节问题和实际应用，只有在以后才会理解。

在讲课的过程中遇到了一个严重的困难：没有任何来自学生的反馈信息向我说明讲课的效果究竟如何。这的确是一个很严重的困难，我不知道讲课的效果实际怎样。整件事情实质上是一次实验。如果我真的再讲一次的话，我将不会按同样的方式去讲了——我希望我不必再讲一次！不过我认为，在第一年中这些课程——就物理内容来说——还是相当令人满意的。

在第二年里，我就不那么满意了。课程的第一部分讨论电磁学，我想不出任何真正独特或不同寻常的处理方法——比通常的讲述方式更为引人入胜的任何处理方法，因此，我不认为我在讲授电磁学时做了很多事情。在第二年末，我本来打算继电磁学之后再讲一些物性方面的内容，主要讨论基本模式、扩散方程的解、振动系统、正交函数等问题……逐步阐述通常称为“数学物理方法”的初步内容。现在回想，如果再讲一遍的话，我会回到原来的这个想法上去的。但是，由于没有计划要我再讲一遍这门课，有人就建议，试着介绍一下量子力学可能是个好主意——这就是大家将在第三卷中看到的内容。

很清楚，主修物理学的学生可以等到第三年再学习量子力学；另一方面，有一种说法认为许多修我们这门课的学生只是把学习物理学作为他们在其他领域中的主要兴趣的背景知识。而通常处理量子力学的方法使大多数学生几乎无法利用这门学科，因为他们必须花相当长的时间去学它。然而，在量子力学的实际应用中——特别是在较复杂的应用，如电机工程和化学领域中——整个微分方程的处理方法实际上并没有被用到。因此，我试着这样来叙述量子力学的原理，即不要求学生首先熟悉偏微分方程这个数学工具。我想，即使对一个物理学家，由于在讲义本身中可以明显看出的一些原因，按照这种颠倒的方式来介绍量子力学也是一件值得一试的有趣的事。然而，我认为，在量子力学方面的尝试并不完全成功——这主要是因为在最后我实际上已经没有足够的时间了（比如说，我应该再多讲三四次课，以便更完整地讨论诸如能带、概率幅的空间依赖关系等问题）。还有，我过去从未以这种方式讲授过这个专题，因此，反馈信息的缺乏就尤其严重。我现在相信，还是应当迟一些再讲授量子力学。也许有一天我会有机会再来讲授这个专题。那时我会讲好这门课程。

没有编写如何解题的章节是因为另有答疑辅导课。虽然我在第一年中的确讲过三次怎样解题的内容，但并没有把它们编在这本讲义中。在转动系统这部分内容后面肯定还讲过一次惯性导航的问题，可惜它被遗漏了。第五讲和第六讲实际上是由马修•桑德斯讲授的，当时我不在城里。

当然，问题是这次试验的效果究竟如何，我个人的看法——然而，与学生一起学习的大部分教师似乎并不同意这种看法——是悲观的。我并不认为我对学生做得很好。当我看到大多数学生在考试中处理问题的方法时，我认为整个这次试验是一次失败。当然，朋友们提醒我，也有那么一二十个学生——非常出人意料地——理解了全部课程中的几乎所有内容，他们还非常积极地阅读有关的材料，兴致勃勃地思考各种问题。我相信，这些学生现在已经具备了第一流的物理学背景

知识 —— 他们毕竟是我想要培养的那种学生。不过，正如吉本[1]所说，“教育的威力是难得见成效的，除非教者与被教者双方是理想的组合，然而这时教育又几乎是多余的了。”

尽管如此，我并不希望让任何一个学生完全落在后面，虽然也许曾经发生过这样的事。我认为，我们能够更好地帮助学生的一个办法就是，多花一些精力去编写一套能够说明讲课中某些概念的习题集。习题提供了一个充实讲课内容的良好机会，使已经讲过的概念更实际、更完整而且记得更牢。

然而，我认为，除非我们认识到，只有当一个学生和一个优秀的教师之间建立起个人的直接联系的情况下 —— 这时学生可以讨论概念、思考问题和讨论问题 —— 才能达到最好的教学效果，否则没有任何办法解决教育中的这个问题。只是坐着听课，做指定的习题，是不可能学到很多东西的。不过，在现在这个时代，我们有这么多学生要教育，因此，我们不得不试着寻找某种代替理想情况的方法。也许我的讲义能够做出一些贡献。也许在某些小地方有个别的教师和学生会从讲义中得到一些启示或者想法。也许他们乐于透彻地思考讲义的内容 —— 或者进一步发展其中的一些想法。

---

1. 吉本（Edward Gibbon），1737～1794，18世纪英国著名历史学家，《罗马帝国衰亡史》作者。

第一章

矢 量

1-1 物理学中的对称性

在这一章中，我们将介绍一个问题，这个问题在物理学的术语中叫做物理定律的对称性。在这里，“对称性”这个词是在一种特别的含义下被使用的，因此需要对它做出界定。一件事物什么时候是对称的——我们该如何定义它呢？当我们拿起一幅对称的图画时，它的一边总是与另一边相同。赫尔曼·外尔教授曾经给对称性下过这样的定义：如果能够让一件事物经历某个操作，而且它在经历了这个操作之后看上去没有任何变化，就说这件事物是对称的。比如说，如果我们观赏一个左右对称的花瓶，那么，让它绕垂直轴转过180°，它看上去就与原来一模一样。关于对称性，我们将采用外尔这种较为普遍的定义，我们将用这种定义讨论物理定律的对称性。 1

设想我们在某个地方建造一台机器，它由许多不同的部件组成，各个部件之间有大量错综复杂的相互作用，还有相互之间有作用力的活蹦乱跳的小球，如此等等。接下来设想我们在另外某个地方建造完全同类型的装置，每个部件都与原来的一模一样，相同的尺寸和取向，除了水平地移动了一段距离外，一切相同。然后，如果我们在严格一致的相同的初始状态下开动两台机器，我们要问：某台机器与另外一台机器会完全一样地运转吗？它们会严格对应地实现所有动作吗？有充分的理由认为答案是否定的，原因是，如果我们建造机器的地点选择不当，它就会有可能被安装在某个围墙中，来自围墙的干扰就有可能使机器的运转失灵。 2

物理学中所有的观念都需要我们懂得应用它们的常识；它们并不是纯粹的数学观念或者抽象概念。当我们说将机器移到新的地点后现象相同这句话时，必须明白自己在说什么。这句话表示移动各种我们认为是相互关联的物体；假如现象不一样，就认为某些相关的东西没有被移过去，那就得再把它找出来。假如我们一直都找不到这种东西，那就得断言物理定律不具有这种对称性；另一方面，假如物理定律确实具有这种对称性，我们就可以找到它（我们预料能找到它）；环顾四周，我们就会发现，比如说，围墙正在影响着我们的机器。根本的问题在于，假如我们把事物确定得足够明确，假如所有必不可少的力都包括在机器中，假如所有相关的部件都从一个地点移到另一个地点，那么，这些规律是否会一样呢？机器是否会以相同的方式运转呢？

显然，我们想要做的事情是移动所有的设备和基本影响，但并不是世界上*所有的物体*——行星、恒星等，因为如果我们这样做了，我们就会由于显而易见的理由重现相同的现象，这个理由就是，我们正好回到开始时的状态。不，我们不能移动*所有的物体*。不过，实践表明，只要我们对所要移动的事物有一定的了解，机器就会运转。换句话说，假如我们不把机器安装在围墙里面，假如我们知道外力的起因，并设法把这些力也移走，那么，这部机器在某个地点*就会*像在另一个地点一样以相同的方式运转。

1-2 平移

我们将把分析局限在力学范围，关于这个领域我们现在有足够的知识。在前面的章节中我们已经看到，对于每一个粒子，力学定律能够用三个方程构成的方程组来概括：

$$m\frac{d^2x}{dt^2}=F_x,\ m\frac{d^2y}{dt^2}=F_y,\ m\frac{d^2z}{dt^2}=F_z \tag{1.1}$$

这就意味着有办法在三个相互垂直的轴上测量x，y和z，以及沿着这些方向的力，以便使上述定律成立。这些测量必须从某个原点开始，可是我们把原点放在哪里呢？当初，牛顿理论所能告诉我们的是，存在某个位置，我们能够从这个位置开始测量，以确保这些定律是正确的，这个位置也许就是宇宙的中心。但是，能够立刻证明，我们永远找不到这个中心，因为如果我们使用别的某个原点，所得到的结果没有任何差别。换句话说，设想有两个人，一个是乔，他在某个位置有一个原点，另一个是莫，他有一个平行的坐标系，但原点在别的位置（图1–1）。当乔测量空间某点的位置时，他发现这个点在x，y和z处（我们通常会把z轴省略，因为在图中把它画出来就太乱了）。另一方面，当莫测量同一个点时，他会得到一个不同的x（为了区分它，我们将把它叫做x'），而且原则上也得到一个不同的y，尽管在这个例子中它们数值相同。因此有 3

$$x'=x-a,\ y'=y,\ z'=z \tag{1.2}$$

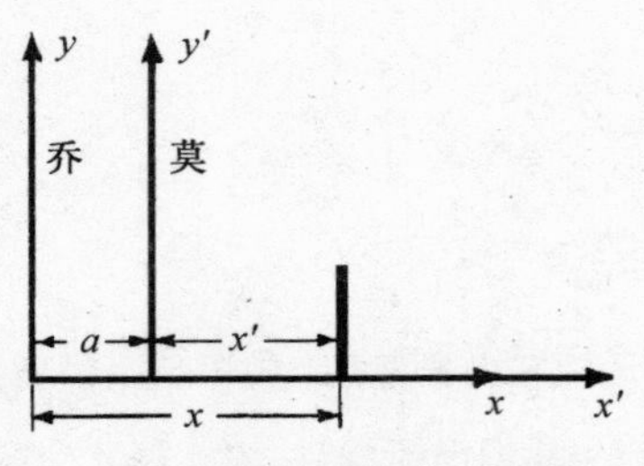

图1–1　两个相互平行的坐标系

为了完成我们的分析，必须知道莫测量力时会得到什么。力被设想成沿着某条线作用，而x方向的力则表示整个力在x方向的那个部分，是力的大小乘以它和x轴的夹角的余弦。现在我们看到，莫使用的投影与乔使用的投影完全相同，于是我们得到以下一组方程

4

$$F_{x'}=F_x,\ F_{y'}=F_y,\ F_{z'}=F_z \tag{1.3}$$

这些就是由乔和莫所测得的量之间的关系。

问题在于，如果乔认识牛顿定律，而莫也试图写出牛顿定律，那么，这些定律对他来说还正确吗？从他的原点开始测量，位置会有任何差别吗？换句话说，假定方程组（1.1）是正确的，而方程组（1.2）和（1.3）给出测量结果之间的关系，以下方程

$$\begin{aligned}&(a)\ m\frac{\mathrm{d}^2x'}{\mathrm{d}t^2}=F_{x'},\\&(b)\ m\frac{\mathrm{d}^2y'}{\mathrm{d}t^2}=F_{y'},\\&(c)\ m\frac{\mathrm{d}^2z'}{\mathrm{d}t^2}=F_{z'},\end{aligned} \tag{1.4}$$

对还是不对呢？

为了检验这些方程，我们将对公式中的x'求导两次。第一次求导给出

$$\frac{\mathrm{d}x'}{\mathrm{d}t}=\frac{\mathrm{d}}{\mathrm{d}t}(x-a)=\frac{\mathrm{d}x}{\mathrm{d}t}-\frac{\mathrm{d}a}{\mathrm{d}t}.$$

在这里，我们将假定莫的原点相对于乔的原点是固定的（不动的）；这样，a是一个常数，而$\mathrm{d}a/\mathrm{d}t=0$，于是得到

$$\frac{\mathrm{d}x'}{\mathrm{d}t}=\frac{\mathrm{d}x}{\mathrm{d}t},$$

由此可以得到

$$\frac{\mathrm{d}^2x'}{\mathrm{d}t^2}=\frac{\mathrm{d}^2x}{\mathrm{d}t^2};$$

因此，我们确信方程（1.4a）变成

$$m\frac{\mathrm{d}^2x}{\mathrm{d}t^2}=F_{x'}.$$

（我们还假定，由乔和莫测得的质量相等。）这样，加速度乘以质量的结果与另一位同伴的结果相同。我们还得到了关于$F_{x'}$的公式，将结果代入方程（1.1）中，我们就得到

$$F_{x'}=F_x.$$

因此，由莫看到的规律看来是相同的；他用不同的坐标系也可以 5

写出牛顿定律，这些定律仍然是正确的。这就意味着，没有惟一的方法定义世界的原点，原因就是无论从哪个位置观测，这些定律看起来都将是相同的。

以下的说法也是正确的：如果在某个地点有一件带有某种机械装置的设备，在另一个地点上相同的设备将以相同的方式运转。为什么会这样呢？因为一部由莫研究的机器与另一部由乔研究的机器满足完全相同的方程。既然*方程*是相同的，那么，*现象*看起来就是相同的。于是，证明一部机器在新位置的行为与在老位置的行为相同，或者证明在空间中移动时方程的形式不变，两者是一回事。由于这个原因，我们说*物理定律对于平移变换是对称的*，这个说法表示，当我们进行坐标平移时物理定律并不改变。当然，从直观上看，这个说法显然是正确的，但是，讨论其数学表述是引人入胜和令人愉快的。

1-3 旋转

以上是一系列比较复杂的命题中的第一个命题，这些命题与物理定律的对称性有关。下一个命题说，无论我们将坐标轴*指向何方*都不会引起差异。换句话说，假如我们在某个地方建造了一台设备，并观察它运转，又在附近建造一台同类型的设备，但是摆放的方位转过一个角度，它会以相同的方式运转吗？显然不会，比如一个有摆的落地大座钟就是例子！如果把一个摆钟竖直放置，它就会走得很好，但是如果把它斜着放置，摆锤就会碰到钟罩的壁，钟就停下来了。于是，对于一个摆钟，上面的法则就不灵了，除非我们把吸引着钟摆的地球也算进去。

因此，假如我们相信，对旋转来说物理定律是对称的，就能够对摆钟做出如下预言：除了摆钟的机械部件之外，在它的运转中还包含着一些别的因素，一些我们应该去寻找的外在的因素。我们还可以预言，相对于这个神秘的不对称之源（也许就是地球），当摆钟被放置在不同的地点时，它将不会以相同的方式运转。确实如此，比如说，我们知道，一个放在人造卫星上的摆钟根本就不走，原因就是没有对它起作用的力，而在火星上，摆钟将以不同的速率运转。除了单纯的机械部件之外，摆钟里边*确实*包含某些别的东西，一些外在的东西。一旦认识到这个因素，我们就会明白，必须让地球随同机件一起转动。当然，我们无须为此担心，这是很容易做到的；只要等上那么一会儿，地球就会转过去；于是，摆钟在新的位置上就会像先前那样重新运转起来。当我们在空间中旋转时，转角必定是在不断变化的；这种变化似乎并没有给我们带来太多的麻烦，因为，在新的位置上，我们似乎处于与老地方相同的条件下。这很可能会令人迷惑不解，原因在于，物理定律在转动后的新位置上与在未经转动的位置上确实是相同的，但是，*当我们转动*一个物体时，说它遵从的定律与不去转动这个物体时它遵从的定律相同，这就不对了。假如我们做足够精密的实验，就能够断定，地球*正在转动*，但却不能说出它*转过多少*。换句话说，我们不能确定它的方位，但是能够断定它的方位在改变。

6

现在，我们可以来讨论角取向对物理定律的影响。让我们再来看一看，乔和莫两人玩的把戏是否能够重演。这一次，为了避免不必要的麻烦，我们将假定乔和莫采用同一个原点（我们已经证明过，坐标轴可以通过平移被移至别的地方）。假设莫的轴相对于乔的轴转过了一个角度θ。这两个坐标系如图1-2所示，只限于两维的情况。考虑任意一点P，在乔的坐标系中，它的坐标是(x, y)，而在莫的坐标系中，它的坐标是（x'，y'）。和前面的例子一样，我们将这样开始：用x，y和θ来表示坐标x'和y'。为了这样做，我们先从P点向四根坐标轴各画一条垂线，并画出垂直于PQ的线AB。看一看这张图就可以看出，x'可以写成沿着x'轴的两段长度之和，而y'则可以写成沿着AB线上的两段长度之差。所有这些长度都用x，y和θ表示出来，如方程（1.5）所示，其中已经加上了一个第三维的方程。

7

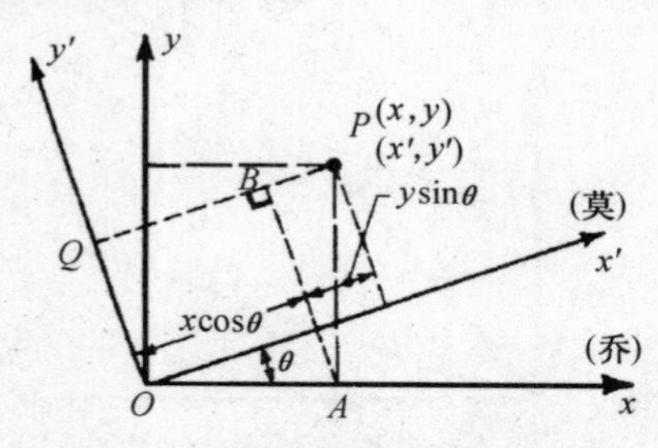

图1–2 具有不同角取向的两个坐标系

$$
\begin{aligned}
x' &= x\cos\theta + y\sin\theta,\\
y' &= y\cos\theta - x\sin\theta, \qquad (1.5)\\
z' &= z.
\end{aligned}
$$

下一步是，使用与前述相同的一般方法分析两个观测者所看到的那些力之间的关系。假设有一个力，（在乔看来）具有分量F_x和F_y，它正作用在一个质量为m，位于图1–2中P点的粒子上。为了简单起见，我们将两套坐标轴的原点移到P点，如图1–3所示。莫看到F沿着他的坐标轴的分量是$F_{x'}$和$F_{y'}$。F_x具有沿着x'轴和y'轴的分量，而F_y也同样具有沿着这两根轴的分量。为了用F_x和F_y表示$F_{x'}$，我们把它们沿着x'轴的这些分量加起来，利用同样的方法我们能够用F_x和F_y表示$F_{y'}$。所得到的结果是

$$F_{x'} = F_x \cos\theta + F_y \sin\theta,$$
$$F_{y'} = F_y \cos\theta - F_x \sin\theta, \tag{1.6}$$
$$F_{z'} = F_z.$$

有趣的是看到一个出人意料的，然而却极其重要的情况：分别表示P的坐标和F的分量的公式（1.5）和（1.6）具有相同的形式。 8

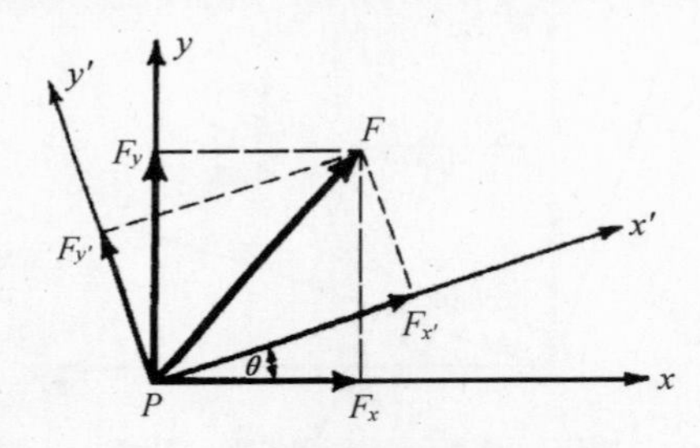

图1–3 一个力在两个坐标系中的分量

和前面一样，假设牛顿定律在乔的坐标系中成立，并由方程（1.1）表示。问题仍然是，莫是否能够应用牛顿定律——对于他那个坐标轴已被转动过的坐标系，所得到的结果还对吗？换句话说，如果我们假定方程（1.5）和（1.6）给出测量结果之间的关系，以下方程

$$m\frac{d^2x'}{dt^2} = F_{x'},$$
$$m\frac{d^2y'}{dt^2} = F_{y'}, \tag{1.7}$$
$$m\frac{d^2z'}{dt^2} = F_{z'},$$

对还是不对呢？为了检验这些方程，我们分别推算方程的左边和右边，

并将推算的结果进行比较。为了推算方程的左边，用m乘方程（1.5），并对时间求两次导数，在推算中假定角度θ是常数。这个运算给出

$$m\frac{\mathrm{d}^2x'}{\mathrm{d}t^2}=m\frac{\mathrm{d}^2x}{\mathrm{d}t^2}\cos\theta+m\frac{\mathrm{d}^2y}{\mathrm{d}t^2}\sin\theta,$$
$$m\frac{\mathrm{d}^2y'}{\mathrm{d}t^2}=m\frac{\mathrm{d}^2y}{\mathrm{d}t^2}\cos\theta-m\frac{\mathrm{d}^2x}{\mathrm{d}t^2}\sin\theta, \tag{1.8}$$
$$m\frac{\mathrm{d}^2z'}{\mathrm{d}t^2}=m\frac{\mathrm{d}^2z}{\mathrm{d}t^2}.$$

将方程（1.1）代入方程（1.6）就可以推算方程（1.7）的右边。这个运算给出

9

$$F_{x'}=m\frac{\mathrm{d}^2x}{\mathrm{d}t^2}\cos\theta+m\frac{\mathrm{d}^2y}{\mathrm{d}t^2}\sin\theta,$$
$$F_{y'}=m\frac{\mathrm{d}^2y}{\mathrm{d}t^2}\cos\theta-m\frac{\mathrm{d}^2x}{\mathrm{d}t^2}\sin\theta, \tag{1.9}$$
$$F_{z'}=m\frac{\mathrm{d}^2z}{\mathrm{d}t^2}.$$

看到了吧！方程（1.8）和（1.9）的右边相等，我们因此推断，假如牛顿定律在一个坐标系中是对的，那么，它们在任何别的坐标系中也是对的。到目前为止，这个结果已经在坐标轴的平移和旋转操作下得以确立，由此得出一些推论：首先，没有人能够宣称他自己的坐标系是独一无二的，不过当然啦，它们对解决某些特定的问题会更加方便。比如说，把引力的方向选做某根轴的方向是方便的，但在物理上这并不是必需的。其次，这个结果意味着，任何一套设备，如果它是完整的，

即所有产生力的装置全部安装在里面，那么，当转过一个角度时，它的运转方式不变。

1-4 矢量

不仅牛顿定律，到目前为止我们所认识的其他物理定律，都具有这两种对称性，即在坐标轴的平移和旋转操作下的不变性。由于这些性质如此重要，因此已经发展了一种数学方法，用来书写和使用物理定律。

前面的分析含有很多乏味的数学运算。为了在这种问题的分析中把这些琐碎的细节减到最小程度，人们发明了一种强有力的数学工具。这种方法叫做*矢量分析*，它确定了本章的标题；不过，严格地说，这一章讲的是物理定律的对称性。利用前述的分析方法，我们就能够进行任何必要的分析工作，以获得所要寻找的结果，不过在实际上，我们总是喜欢把事情做得更轻松更迅速，因此我们使用矢量方法。

我们先来看一看在物理学中两种重要的量的某些性质（实际上不止两种，不过还是让我们从两种着手吧）。其中一种量，例如布袋中的马铃薯的数目，叫做普通的量，或者叫做无指向的量，也叫做*标量*。温度就是这种量的一个例子。在物理学中，其他重要的量是有指向的，比如说速度：我们不仅要知道一个物体的速率，还必须记录它向哪个方向运动。动量和力也是有指向的，位移也一样：当一个人在空间中从一个地点走向另一个地点时，我们可以记录他走了多远，但是如果我们

10

还希望知道他到*哪里*去，就必须明确他走的方向。

所有像在空间中走的一步那样有指向的量，叫做*矢量*。

一个矢量就是三个数。为了表示在空间中所走的一步，比如说从原点到某个坐标是（x，y，z）的特定的点P，我们确实需要三个数，不过，我们打算造一个单个的数学符号$\boldsymbol{r}$，这个符号与我们曾经用过的任何别的数学符号不一样。[1] 它不是一个单个的数，而是表示三个数：x，y和z。它意味着三个数，但实际上又不仅是那三个数，因为，如果我们采用另一个不同的坐标系，这三个数就要变成x'，y'和z'了。不过，我们希望保持在数学上是简单的，因此，将用*相同的记号*表示（x，y，z）这三个数和（x'，y'，z'）这三个数。那就是说，在某个坐标系中，我们用一个记号来表示第一个数组的三个数，而在别的坐标系中，我们还是用这同一个记号来表示第二个数组的三个数。这种表示方法有这样的好处，即当我们改变坐标系时，它使我们无需改变方程中的字母。如果我们用x，y，z写下一个方程，又使用另一个坐标系，就不得不把坐标改成x'，y'，z'，但是，利用以下约定，只要写成$\boldsymbol{r}$就行了，这个约定是：如果我们采用某一坐标系，它就表示（x，y，z），如果我们采用另一坐标系，它就表示（x'，y'，z'），如此等等。在一个特定的坐标系中，描写物理量的三个数叫做矢量在这个坐标系中沿坐标轴方向的*分量*。也就是说，*在不同坐标系中进行度量时*，对应于同一个对象的三个数，我们使用相同的符号标记它。正是我们能够说“相同的对象”这个事实蕴涵着一个物理上的直觉观念，这个观念说的是在空间中走一步这件事，它与我们对其进行测量时所用的分量无关。因此，无论我们怎样转

11

---

1. 在排版中，矢量用黑体表示；在手写时则用一个箭头表示：$\vec{r}$。

动坐标轴，符号 $\boldsymbol{r}$ 将表示同一个实体。

现在假定有另一个任意的有方向的物理量，任何别的物理量，比如说力，也有三个数与之相联系，如果我们改变坐标系，这三个数就会按照某种数学规则变成三个别的数。这种规则必定与将（x, y, z）变成（x', y', z'）所遵循的规则相同。换句话说，任何与三个数相联系的物理量，如果其变换方式与在空间中走一步的分量的变换方式一样，它就是一个矢量。因此，如果一个如下形式的方程

$$\boldsymbol{F}=\boldsymbol{r}$$

在某个坐标系中正确，那么它在任何坐标系中都正确。当然，这个方程代表三个方程

$$F_x=x,\ F_y=y,\ F_z=z,$$

或者也可以代表

$$F_{x'}=x',\ F_{y'}=y',\ F_{z'}=z'.$$

一个物理关系式能够被表示成一个矢量方程，这个事实确保在坐标系只做旋转时，该关系式不会改变。这就是矢量在物理学中为何如此有用的原因。

让我们来考查一下矢量的某些性质吧。作为矢量的例子，我们可

以看一看速度、动量、力和加速度。在很多场合下，用一个指示其作用方向的箭头记号表示一个矢量是方便的。为什么我们能够用比如说箭头记号这样的符号表示力呢？这是因为它与“在空间中走一步”具有相同的数学变换性质。因此，我们把它看成好像是在空间中走一步那样，选取适当的比例使力的单位，即1牛顿，对应于某个方便的长度，用图示的方法表示出来。一旦我们这样做了，所有的力都能够用长度表示，因为如下形式的方程

12

$$\boldsymbol{F} = k\boldsymbol{r}$$

是一个完全合理的方程，其中的k是某个常数。这样，我们就总是能够用直线表示力，这是很方便的，因为一旦画出了直线，就再也不需要坐标系了。当然啦，当三个分量随坐标系转动而改变时，我们能够快速地把它们算出来，因为这仅仅是一个几何学问题。

1-5 矢量代数

我们必须说一下用各种方法将矢量组合起来所要遵循的法则或者规则。第一个这样的组合是两个矢量之和：设$\boldsymbol{a}$是一个矢量，它在某个特定的坐标系中具有三个分量（a_x，a_y，a_z），而$\boldsymbol{b}$则是另一个矢量，它具有三个分量（b_x，b_y，b_z）。我们来造三个新的数（a_x+b_x，a_y+b_y，a_z+b_z）。这些数构成一个矢量吗？“唔，”人们也许会说，“它们是三个数，而每三个数就构成一个矢量。”错啦，并不是每三个数都构成一个

矢量！为了使它成为一个矢量，不仅需要有三个数，而且这三个数还必须以这样一种方式与坐标系相关联，即当我们转动坐标系时，这三个数会按照我们已经叙述过的确切的规律相互之间“循环出现”，变成彼此“混合在一起”。这样，问题就是，如果我们转动坐标系使（a_x，a_y，a_z）变成（$a_{x'}$，$a_{y'}$，$a_{z'}$），而（b_x，b_y，b_z）则变成（$b_{x'}$，$b_{y'}$，$b_{z'}$），那么，（a_x+b_x，a_y+b_y，a_z+b_z）会变成什么呢？它们会不会变成（$a_{x'}+b_{x'}$，$a_{y'}+b_{y'}$，$a_{z'}+b_{z'}$）呢？答案当然是肯定的，因为原型变换式（1.5）构成一个所谓的线性变换。假如我们把这些变换用到a_x和b_x上得到$a_{x'}+b_{x'}$，就会发现，变换后的a_x+b_x确实与$a_{x'}+b_{x'}$相同。当$\boldsymbol{a}$和$\boldsymbol{b}$在这种意义下被“加起来”时，它们将构成一个矢量，可以用$\boldsymbol{c}$表示它。我们把这个矢量写成

$$\boldsymbol{c}=\boldsymbol{a}+\boldsymbol{b}$$

13

这个$\boldsymbol{c}$具有以下颇有意思的性质

$$\boldsymbol{c}=\boldsymbol{b}+\boldsymbol{a}$$

这一点我们从它的分量中马上就能够看出。还有

$$\boldsymbol{a}+(\boldsymbol{b}+\boldsymbol{c})=(\boldsymbol{a}+\boldsymbol{b})+\boldsymbol{c}$$

我们可以按照任意次序把矢量加起来。

$\boldsymbol{a}+\boldsymbol{b}$的几何意义是什么呢？如果在一张纸上用直线把$\boldsymbol{a}$和$\boldsymbol{b}$表示出来，那么，$\boldsymbol{c}$是什么样子的呢？结果在图1–4中给出。我们看到，如果将

表示$\boldsymbol{b}$的分量的长方形按图中所示的方式紧挨着表示$\boldsymbol{a}$的分量的长方形放置，就能够很方便地将$\boldsymbol{b}$的分量加到$\boldsymbol{a}$的分量上。由于$\boldsymbol{b}$正好与它自己的长方形吻合，$\boldsymbol{a}$也同样与它自己的长方形吻合，因此，这就好像把$\boldsymbol{b}$的“尾部”放到$\boldsymbol{a}$的“头部”一样，从$\boldsymbol{a}$的“尾部”引向$\boldsymbol{b}$的“头部”的箭头记号就是$\boldsymbol{c}$矢量。当然，如果我们用另一种方法倒过来把$\boldsymbol{a}$加到$\boldsymbol{b}$上，就应该把$\boldsymbol{a}$的“尾部”放到$\boldsymbol{b}$的“头部”，利用平行四边形的几何性质就会得到相同的$\boldsymbol{c}$。请注意，矢量可以按照这种方法加起来而不涉及任何坐标系。

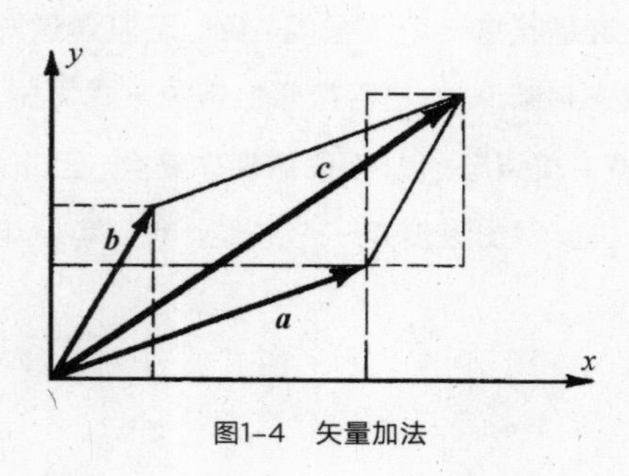

图1-4 矢量加法

假如我们用一个数α乘一个矢量，这意味着什么呢？我们定义它代表一个分量是αa_x，αa_y和αa_z的新矢量。它的确是一个矢量，我们把它作为一个问题留给学生证明。

14

下面，我们来考虑矢量的减法。我们可以像定义加法那样定义减法，只是用分量相减代替分量相加。我们也可以这样来定义减法：定义一个负矢量，$-\boldsymbol{b}=-1\boldsymbol{b}$，然后把分量相加。用这个方法得到的结果是一样的。结果如图1–5所示。这个图说明$\boldsymbol{d}=\boldsymbol{a}-\boldsymbol{b}=\boldsymbol{a}+(-\boldsymbol{b})$；我们还注意到，利用等价的关系$\boldsymbol{a}=\boldsymbol{b}+\boldsymbol{d}$很容易从$\boldsymbol{a}$和$\boldsymbol{b}$得到差值$\boldsymbol{a}-\boldsymbol{b}$。因此，差值甚

至比求和更容易得到：只要从$\boldsymbol{b}$到$\boldsymbol{a}$画出矢量，就得到$\boldsymbol{a}-\boldsymbol{b}$了！

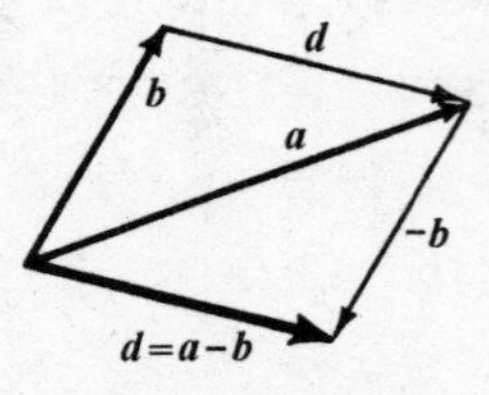

图1–5　矢量减法

接下来我们讨论速度。速度怎么会是一个矢量呢？如果位置用三个坐标（x，y，z）表示，那么速度用什么表示呢？速度是用$\mathrm{d}x/\mathrm{d}t$，$\mathrm{d}y/\mathrm{d}t$和$\mathrm{d}z/\mathrm{d}t$来表示的，这是不是一个矢量呢？我们可以通过对方程（1.5）中的表达式求导数来判断$\mathrm{d}x'/\mathrm{d}t$是否按照恰当的方式变换。我们看到，分量$\mathrm{d}x/\mathrm{d}t$和$\mathrm{d}y/\mathrm{d}t$确实按照与x和y相同的规律变换，因此，这个时间的导数是一个矢量。由此得出速度是一个矢量。我们可以用一种颇有意思的方式把速度写成

$$\boldsymbol{v}=\mathrm{d}\boldsymbol{r}/\mathrm{d}t$$

速度是什么，它怎么会是一个矢量，这些问题还可以更形象地去理解：一个粒子在一段短的时间Δt内移动了多远呢？答案是：$\Delta \boldsymbol{r}$，因此，如果一个粒子在某一瞬间处于“这里”，而在另一瞬间处于“那里”，那么，位置的矢量差$\Delta \boldsymbol{r}=\boldsymbol{r}_2-\boldsymbol{r}_1$（如图1–6所示指向运动的方向）被时间间隔$\Delta t=t_2-t_1$除，就得到“平均速度”矢量。

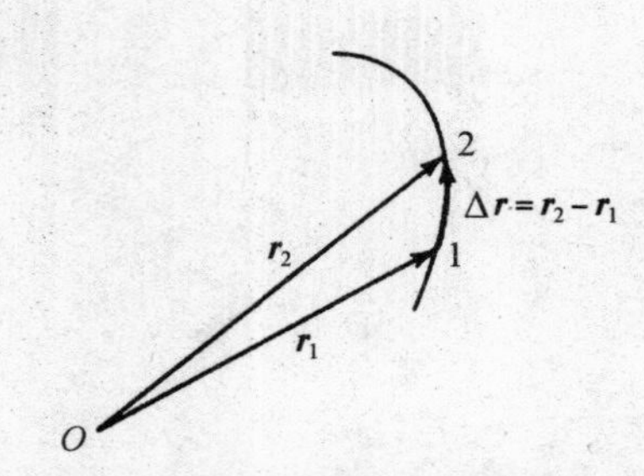

图1-6 一个粒子在一段短的时间间隔$\Delta t = t_2 - t_1$内的位移

换句话说，速度矢量表示这样一种极限，当Δt趋于0时，$t+\Delta t$时刻和t时刻径向矢量的差值除以Δt：

$$\boldsymbol{v} = \lim_{\Delta t \to 0} (\Delta \boldsymbol{r} / \Delta t) = \mathrm{d}\boldsymbol{r} / \mathrm{d}t \tag{1.10}$$

由于速度是两个矢量之差，所以它是一个矢量。上述式子也是速度的正确的定义式，因为它的分量就是$\mathrm{d}x/\mathrm{d}t$，$\mathrm{d}y/\mathrm{d}t$和$\mathrm{d}z/\mathrm{d}t$。事实上，我们从这个论证中看到，如果我们将任意矢量对时间求导，就会造出一个新的矢量。由此看来，我们有几个造出新矢量的办法：(1)用一个常数去乘；(2)对时间求导；(3)把两个矢量相加或者相减。

1-6 用矢量法表示牛顿定律

为了写出矢量形式的牛顿定律，我们只需要再走一步，接着定义加速度矢量就够了。这一步就是速度矢量的时间导数，容易证明它的分量是x，y和z对时间t的二阶导数

$$\boldsymbol{a}=\frac{\mathrm{d}\boldsymbol{v}}{\mathrm{d}t}=\left(\frac{\mathrm{d}}{\mathrm{d}t}\right)\left(\frac{\mathrm{d}\boldsymbol{r}}{\mathrm{d}t}\right)=\frac{\mathrm{d}^2\boldsymbol{r}}{\mathrm{d}t^2}, \tag{1.11}$$

$$a_x=\frac{\mathrm{d}v_x}{\mathrm{d}t}=\frac{\mathrm{d}^2x}{\mathrm{d}t^2},\ a_y=\frac{\mathrm{d}v_y}{\mathrm{d}t}=\frac{\mathrm{d}^2y}{\mathrm{d}t^2},\ a_z=\frac{\mathrm{d}v_z}{\mathrm{d}t}=\frac{\mathrm{d}^2z}{\mathrm{d}t^2}. \tag{1.12}$$

利用这个定义，牛顿定律就可以按这样的方式写出：

$$m\boldsymbol{a}=\boldsymbol{F} \tag{1.13}$$

或者

$$m=\frac{\mathrm{d}^2\boldsymbol{r}}{\mathrm{d}t^2}=\boldsymbol{F}. \tag{1.14}$$

于是，证明在坐标旋转下牛顿定律的不变性这个问题就是：证明$\boldsymbol{a}$是一个矢量；我们刚刚做了这个证明。证明$\boldsymbol{F}$是一个矢量：我们假设它是一个矢量。这样，如果力是一个矢量，那么，由于我们知道加速度是一个矢量，因此，方程（1.13）在任意坐标系下看起来都将一模一样。以一种不显含x，y和z的形式写下牛顿定律具有这样的好处，从今以后，每当我们要写下牛顿方程或者其他物理定律时，再也不需要写出三条定律了。表面上看，我们写下一条定律，但实际上对每一个特定的坐标系，自然就是三条定律，原因就是，任何矢量方程表示，方程两边各个分量相等。

加速度是速度矢量的变化率，这个事实有助于我们在某些相当复杂的情况下计算加速度。比如说，假设一个粒子正在一条复杂的曲线上运动（图1–7），而且在某个特定的时刻t具有确定的速度$\boldsymbol{v}_1$，而当到达另一个稍晚一点的时刻t_2时，它具有不同的速度$\boldsymbol{v}_2$。加速度是什么呢？答案是：加速度就是速度之差被这个小的时间间隔除，这样，我们就需要用到两个速度之差。我们如何得到速度之差呢？为了把两个矢量相减，我们过$\boldsymbol{v}_2$和$\boldsymbol{v}_1$的终点画出这个矢量；即，取Δ作为两个矢量之差，对吗？不对！只有当矢量的尾部放在同一点上时，上面的做法才行得通！如果我们把矢量移到别的某处再画一条直线过来，就毫无意义了，因此，务必要注意这一点！为了把矢量相减，我们必须画一个新的示意图。在图1–8中，$\boldsymbol{v}_1$和$\boldsymbol{v}_2$均被画成与图1–7中它们的对应部分平行而且相等，这样我们就能够讨论加速度了。加速度当然就是$\Delta\boldsymbol{v}/\Delta t$。有趣的是能够将速度之差分解成两个部分；我们可以把加速度看成具有两个分量，一个是与路径相切方向上的$\Delta\boldsymbol{v}_{\parallel}$，另一个是与路径成直角的$\Delta v_{\perp}$，如图1–8所示。与路径相切的加速度当然只是矢量长度的改变，即速率v的改变：

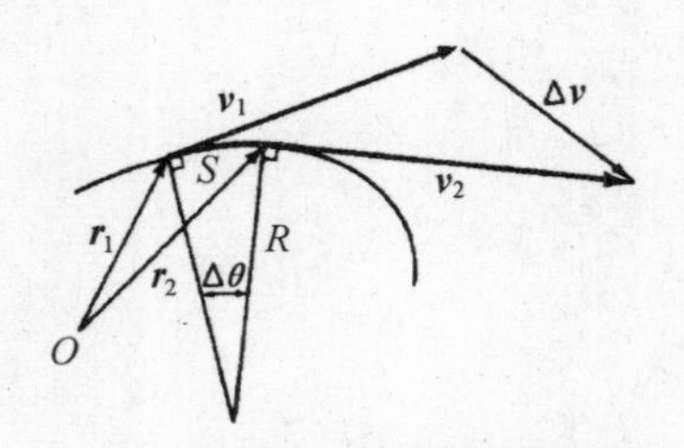

图1–7 一条弯曲的轨道

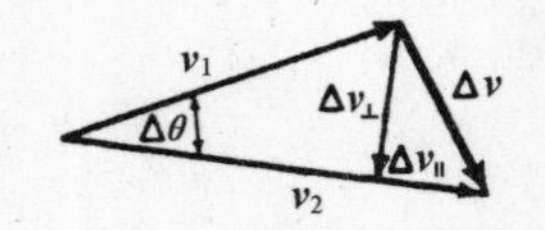

图1–8 计算加速度的示意图

$$a_{\parallel}=\mathrm{d}v/\mathrm{d}t \tag{1.15}$$

利用图1–7和1–8计算加速度的另一个与曲线正交的分量是很容易的。在短时间Δt内，设v_1和v_2之间的角度改变是一个小角$\Delta\theta$。如果速度的大小用v标记，那么，自然就有 18

$$\Delta v_{\perp} = v\Delta\theta$$

而加速度a就是

$$a_{\perp} = v\ (\Delta\theta / \Delta t).$$

现在我们需要知道$\Delta\theta/\Delta t$的值，它可以按照以下方法求出：在某个确定的时刻，如果曲线近似于某个具有确定半径R的圆，那么，在时间Δt内距离s自然就是$v\Delta t$，其中v是速率。

$$\Delta\theta = v\ (\Delta t / R),\text{或者}\ \Delta\theta/\Delta t = v / R.$$

因此得到

$$a = v^2 / R, \tag{1.16}$$

与先前见过的一样。

1-7　矢量的标量积

现在进一步考查矢量的性质。容易看出，在空间中走一步的*长度*在任何坐标系中都相同。这就是说，如果特定的一步$\boldsymbol{r}$在某个坐标系中用x，y，z表示，而在另一个坐标系中则用x'，y'，z'表示，那么，走过的距离$r=|\boldsymbol{r}|$在两个坐标系中肯定会相同。于是有

$$r=\sqrt{x^2+y^2+z^2}\ ,$$

同样还有

$$r'=\sqrt{x'^2+y'^2+z'^2}\ .$$

因此，我们希望证明的是这两个量相等。不用为计算平方根而操心就更加方便，因此，我们来讨论距离的平方吧；这就要搞清楚下面的等式是否正确，

$$x^2+y^2+z^2=x'^2+y'^2+z'^2. \tag{1.17}$$

这个式子成立就最好不过了——如果我们将方程（1.5）代入上式，就发现结果确实是这样的。由此可见，还有另外一些类型的方程在任意两个坐标系中是正确的。

19　某些新的东西被卷进来了。我们可以造一个新的量，一个x，y和z的函数，称之为*标量函数*，这是一个没有方向，但在两个坐标系中相同

的量。我们可以用一个矢量来造出一个标量。我们必须为此找到一个一般的规则。显然，对于刚才讨论的例子，所要的规则就是：把分量的平方加起来。我们现在来定义一个写成$\boldsymbol{a}\cdot\boldsymbol{a}$的新的运算。这不是一个矢量，而是一个标量；它是一个在所有坐标系中都一样的数字，它被定义为矢量的三个分量的平方和：

$$\boldsymbol{a}\cdot\boldsymbol{a}=a_x^2+a_y^2+a_z^2. \tag{1.18}$$

你也许会问，“可是用哪个坐标系去计算呢？”它与坐标系无关，答案在每个坐标系中都一样。于是，我们有了一类新的量，通过对一个矢量进行“平方”运算造出来的新的不变量或标量。如果我们现在用任意两个矢量$\boldsymbol{a}$和$\boldsymbol{b}$来定义下面这个量：

$$\boldsymbol{a}\cdot\boldsymbol{b}=a_xb_x+a_yb_y+a_zb_z\ . \tag{1.19}$$

就会发现，无论在带撇号的还是在不带撇号的坐标系中进行计算，这个量也都是一样的。为了证明这一点，我们要记住，$\boldsymbol{a}\cdot\boldsymbol{a}$，$\boldsymbol{b}\cdot\boldsymbol{b}$和$\boldsymbol{c}\cdot\boldsymbol{c}$都有这个结论，其中$\boldsymbol{c}=\boldsymbol{a}+\boldsymbol{b}$。因此，平方和

$$(a_x+b_x)^2+(a_y+b_y)^2+(a_z+b_z)^2$$

并不改变：

$$(a_x+b_x)^2+(a_y+b_y)^2+(a_z+b_z)^2=$$
$$(a_{x'}+b_{x'})^2+(a_{y'}+b_{y'})^2+(a_{z'}+b_{z'})^2. \tag{1.20}$$

如果把这个方程的两边展开，就会出现方程（1.19）给出的那种交叉乘积项，以及a和b的分量的平方和。方程（1.18）那种形式的项的不变性就会使交叉乘积项（1.19）也不变。

$\boldsymbol{a}\cdot\boldsymbol{b}$这个量叫做两个矢量$\boldsymbol{a}$和$\boldsymbol{b}$的*标积*，它具有许多有趣的和有用的性质。比如说，容易证明

$$\boldsymbol{a}\cdot(\boldsymbol{b}+\boldsymbol{c})=\boldsymbol{a}\cdot\boldsymbol{b}+\boldsymbol{a}\cdot\boldsymbol{c}. \tag{1.21}$$

还有一种不需要计算$\boldsymbol{a}$和$\boldsymbol{b}$的分量就可以计算$\boldsymbol{a}\cdot\boldsymbol{b}$的简单的几何方法：$\boldsymbol{a}\cdot\boldsymbol{b}$等于$\boldsymbol{a}$的长度与$\boldsymbol{b}$的长度的乘积再乘它们之间的夹角的余弦。为什么会这样呢？假定我们选取一个特殊的坐标系，它的x轴沿着$\boldsymbol{a}$的方向；在这种情况下，$\boldsymbol{a}$的仅有的分量就是a_x，它自然就等于a的整个长度。这样，对于这个例子而言，方程（1.19）就简化成$\boldsymbol{a}\cdot\boldsymbol{b}=a_xb_x$，而这就是$\boldsymbol{a}$的长度乘$\boldsymbol{b}$在$\boldsymbol{a}$方向的分量，即$b\cos\theta$：

$$\boldsymbol{a}\cdot\boldsymbol{b}=ab\cos\theta$$

因此，在上面这个特殊的坐标系中，我们已经证明了$\boldsymbol{a}\cdot\boldsymbol{b}$等于$\boldsymbol{a}$的长度乘$\boldsymbol{b}$的长度再乘$\cos\theta$。可是，由于$\boldsymbol{a}\cdot\boldsymbol{b}$与坐标系无关，因此，*如果它在一个坐标系中成立，那么，在所有的坐标系中也成立*；这就是我们的论证。

点乘有什么用处呢？在物理学中有哪些场合我们用得上它呢？当然有，我们随时都要用到它。比如说，在原先的《物理学讲义》的第一卷第四章中，动能被表示成$mv^2/2$，但是，如果物体在空间中运动，速度

的平方就应该是在x方向、y方向和z方向的分量的平方和，因此，根据矢量分析法，动能的公式就是：

$$K.E.=\frac{1}{2}m\ (\boldsymbol{v}\cdot\boldsymbol{v})=\frac{1}{2}m\ (v_x^2+v_y^2+v_z^2). \tag{1.22}$$

能量并没有方向。动量就有方向了，它是一个矢量，是质量乘速度矢量。

另一个点乘的例子是，当某个物体从一个地点被推向另一个地点时力做的功。我们还没有给功下过定义，不过，它与能量发生改变和重物被提升具有同等的意义，当一个力$\boldsymbol{F}$作用了一段距离$\boldsymbol{s}$时：

$$功=\boldsymbol{F}\cdot\boldsymbol{s}. \tag{1.23}$$

讨论一个矢量在某个方向（比如说竖直方向，那是万有引力的方向）上的分量有时是非常方便的。为了这样做，在我们想要研究的方向上引入一个所谓的*单位矢量*是很有用的。单位矢量是这样一个量，它与自身点乘等于1。就把这个单位矢量写成$\boldsymbol{i}$吧；于是$\boldsymbol{i}\cdot\boldsymbol{i}=1$。于是，假如我们想求出某个矢量在$\boldsymbol{i}$方向上的分量，我们看到点乘$\boldsymbol{a}\cdot\boldsymbol{i}$等于$a\cos\theta$，这就是$\boldsymbol{a}$在$\boldsymbol{i}$方向上的分量。这是一个求分量的极好的方法；事实上，这个方法能够使我们求出*所有*分量，并写出一个很有意思的公式。假定在一个给定的坐标系x，y和z中，我们引入三个矢量：一个沿x方向的单位矢量$\boldsymbol{i}$；一个沿y方向的单位矢量$\boldsymbol{j}$；一个沿z方向的单位矢量$\boldsymbol{k}$。首先记住$\boldsymbol{i}\cdot\boldsymbol{i}=1$，但是$\boldsymbol{i}\cdot\boldsymbol{j}$等于什么呢？当两个矢量相互垂直时，它们的点乘等于0。于是

21

$$\begin{aligned}&\boldsymbol{i}\cdot\boldsymbol{i}=1\\&\boldsymbol{i}\cdot\boldsymbol{j}=0\quad \boldsymbol{j}\cdot\boldsymbol{j}=1\\&\boldsymbol{i}\cdot\boldsymbol{k}=0\quad \boldsymbol{j}\cdot\boldsymbol{k}=0\quad \boldsymbol{k}\cdot\boldsymbol{k}=1\end{aligned}\tag{1.24}$$

利用上面的规定，无论什么矢量都可以写成下面的形式：

$$\boldsymbol{a}=a_x\boldsymbol{i}+a_y\boldsymbol{j}+a_z\boldsymbol{k}.\tag{1.25}$$

利用这个方法就能够从一个矢量的分量求出这个矢量本身。

上述关于矢量的讨论并不完整。不过，与其现在设法更深入地研究这个问题，倒不如先学会把目前为止所讨论过的一些概念应用于实际领域中。然后，当我们完全掌握了这个基本内容之后，就会发现，要更深刻地理解这个问题而又不被搞得手忙脚乱就容易得多了。稍后我们就会发现，定义两个矢量的另一种乘积是有用的，这种乘积叫做矢量积，写成$\boldsymbol{a}\times\boldsymbol{b}$。不过，我们将在稍后的章节中再讨论这样的问题。

第二章

物理定律的对称性

2-1 对称操作

23

这一章的主题可以称为物理定律的对称性。我们已经在矢量分析（第一章）、相对论（接下来的第四章）和旋转问题（第二十章[1]）中讨论过物理定律的对称性的一些性质了。

我们为什么要关心对称性这个问题呢？首要的理由是，对称性对人类的心智具有迷人的魅力，每一个人都喜好具有某种对称性的物体或者图案。大自然常常在我们这个大千世界的事物身上展现出某种对称性，这是一个极为引人入胜的事实。能够想象出的最对称的物体也许就是一个球体了，大自然到处都是球形的物体——恒星、行星和云中的小水滴。在岩石中找到的晶体展现出各种不同类型的对称性，对它们的研究给予我们有关固体结构的一些重要知识。即使是动植物的世界也展现出某种程度的对称性，尽管一朵花的对称性或者一只蜜蜂的对称性并不如晶体的对称性那样完美或者重要。

24

不过，我们在这里主要关心的并不是“大自然中的事物常常是对称的”这样一个事实。恰恰相反，我们倒是宁愿考察一下宇宙中某些更值得注意的对称性——存在于支配物质世界运作的基本定律自身中的对称性。

首先要问，什么是对称性？一条物理定律怎么会是“对称的”呢？定义对称性是一件有趣的事情，我们已经说过，外尔对此下过一个很好的定义，这个定义的实质是说，如果我们能够对一件东西做某种事

1. 参见原《物理学讲义》第一卷。

情，做完之后，这件东西看上去与原先一模一样，那么，就说这件东西是对称的。比如说，一个对称的花瓶就是这样的东西，如果我们使它反射或者旋转，它看上去将会与原先一模一样。我们在这里想要考虑的问题是，对自然现象或者实验中的实际情形，我们能够做些什么而保持结果不发生变化。表2-1列出了使各种自然现象保持不变的已知的操作。

表2-1　对称操作

空间平移
时间平移
转过一个确定的角度
匀速直线运动（洛伦兹变换）
时间反演
空间反射
全同原子或者全同粒子的交换
量子力学的相位
物质-反物质（电荷共轭）

2-2　时空对称

我们可以试着去做的第一件事，比如说，就是对空间中的现象进行平移。假如我们在某个地方做一个实验，然后在空间中另一个地方建造另一套设备（或者把原来的设备搬过去），那么，只要安排好了相同的条件，并充分注意到前面提到的约束规则：即所有使机器不以相

25

同方式运转的外部性质也都被移走，那么，在前一套设备中按照确定的时间顺序无论发生过什么事情，在后一套设备中都将以相同的方式出现。我们在前面讲过如何确定在上述情况下应该包括多少这样的因素，这里就不再深入地讨论这些细节了。

我们今天也同样相信，*时间平移*对物理定律没有任何影响。（这是*就我们目前所知而言*——所有这些现象都是就我们目前所知而言的！）这就意味着，如果我们建造一套设备并在某个时刻，比如说在星期四早上10:00启动它，然后再造一套相同的设备，并在比如说3天之后在相同的条件下启动它，那么，无论在何时启动，这两套设备将以完全相同的时间依赖方式表现出相同的动作，当然，还是要规定，外界的有关性质也要*及时*地得到适当的修正。这种对称性自然就意味着，如果一个人在3个月以前买进通用汽车公司的股票，那么，发生在这些股票上的事情就如同他现在买进它一样！

我们还必须密切留意地理上的差异，原因自然是因为地球表面的性质变化多端。这样，举例来说，如果我们在某个地区测量磁场，然后将测量仪器搬到某个别的地区，那么，由于磁场不一样，测量仪器就有可能不会以完全相同的方式工作，不过，我们认为，这是因为磁场往往与地球有关的缘故。我们可以设想，如果把整个地球和测量仪器一起搬动，那么，仪器的测量操作就没有任何差异。

我们相当详细地讨论过的另一个问题是在空间中的旋转：如果我们把一套设备转过一个角度，并且将与其相关的其他所有因素也一起转动，那么，这套设备就会像未转动时一样运转。其实，我们在第一章中比较详细地讨论过在空间转动下的对称性问题，并且发明了一种叫做*矢量分析*的数学方法，以尽可能简洁地处理它。

在一个更高的层次上，我们有另一种对称性——匀速直线运动的对称性。这种极不寻常的效应认为，如果我们有一台用某种方式运转的设备，现在把这台设备放到一辆汽车上，并使汽车以及所有相关的外界条件以均匀的速度沿直线前进，那么，汽车内的现象就没有什么不一样的：所有的物理定律看起来一模一样。我们甚至知道该如何用专门的方式表达这一点，那就是，反映物理定律的数学方程在*洛伦兹变换*下必定不变。事实上，正是对有关相对论问题的研究，使物理学家将注意力集中到物理定律的对称性这个问题上来。

26

上面所谈到的对称性全都具有几何学的性质，时间和空间多少有点相似，不过，还有另外一种不同类型的对称性。比如说，有一种对称性描述了这样的事实：一个原子能够用同类的另一个原子替换；换句话说，*存在着*同一种类的原子。有可能找到这样的原子集团，如果我们把其中的一对原子互换，那么不会造成任何差异——这些原子都是一模一样的。在某种类型的氧原子中，无论一个原子有什么行为，这类氧原子中的另一个原子也会有同样的行为。有人会说，“真是荒唐，这正是同一种类的定义！”这可能只是一个定义，但是我们还是不知道是否*存在*任何“相同类型的原子”；*事实*是存在许许多多相同类型的原子。因此，当我们说“用同一类型的一个原子替换另一个原子不会带来任何差异”这句话时，确实是有意义的。构成原子的那些所谓基本粒子，在上述意义下也是全同粒子——所有的电子都是相同的；所有的质子都是相同的；所有带正电荷的介子都是相同的；如此等等。

在列出了这么多使物理现象不改变的操作之后，有人可能以为，实际上我们可以做任何事情了；那就让我们举一些反例，以便看到出现有差异的情况。假设我们提出这样一个问题："物理定律在尺度变换下是对称的吗？"设想我们先造一台设备，然后再造另一台每个部件都大5倍的设备，这两台设备会以完全相同的方式工作吗？在这种情况下，答案是，*不会*！比如说，由一箱钠原子发出的光的波长与由5倍体积的钠气发出的光的波长相比，后者就不是前者的5倍，而是完全相等。因此，波长与发射体的尺度之比就会改变。

另一个例子是：在报纸上，我们有时会看到一座用小火柴棍搭成的大教堂的照片——由一些退休人员用火柴棍黏成的惊人的艺术品。它比任何真实的大教堂更精巧、更奇特。如果我们想象这个木制的大教堂真的按实际尺寸建起来，就会看到麻烦出在哪里了：它不会存在下去——整座教堂都会倒塌，原因就在于放大了的火柴棍强度完全不够。"是的，"可能有人会说，"但是，我们也知道，当存在一种来自外界的影响时，它也必定按比例改变！"这里谈论的是物体承受万有引力的能力。因此，我们首先要有真实的火柴棍造的大教堂模型和真实的地球，我们知道它是稳固的。然后，我们就该有更大的大教堂和更大的地球。可是，这样的话情况甚至更糟，因为万有引力增加得更快！

当然，我们今天是根据自然界中的物质由原子构成这一点来理解现象依赖于尺度这个事实的，显然，如果我们建造一台小到里面只有5个原子的仪器，那么，它肯定是一件我们不能任意放大和缩小的东西。单个原子的尺度根本不是任意的，而是完全确定的。

物理定律在尺度变换下并非不变这个事实是伽利略发现的。他认识到材料的强度与它们的大小并非恰好成正比关系，并且画了两根骨头来说明我们刚才在火柴棍大教堂的问题中讨论过的性质，在他画的图中，一根是按支撑体重的适当比例画出的狗的骨头，一根是假想的，比方说大10倍或100倍的“超级狗”的骨头——这根骨头是一个按完全不同的比例画出的结实的庞然大物。我们不知道他是否曾经用这个论据得出过这样一个结论：自然定律必定具有明确的尺度，不过，他把这个发现与运动定律一起写进了叫做《关于两种新科学的对话》这本书中，由此可见这个发现给他的印象是如此深刻，以至他把两者看得同样重要。

28

另一个我们了解得相当清楚的物理定律并不对称的例子是：一个以匀角速度旋转的系统，其中的表观定律与一个不旋转的系统中的定律并不相同。假如我们安排一个实验，然后把所有的东西都搬到一艘宇宙飞船中，并让飞船在宇宙空间中始终以不变的角速度自转，那么，上面的仪器就不会按原来的样子工作，因为我们知道，仪器内部的零件会由于离心力或者科里奥利力等原因被抛向飞船的外侧，如此等等。事实上，我们不需要往外看，只要利用一个叫做傅科摆的仪器就能够觉察到地球正在旋转。

下面我们讲一个非常有趣却明显错误的对称性，即*时间上的可逆性*。物理定律在时间上显然是不可逆的，因为我们知道，所有显而易见的现象在大尺度上都是不可逆的：“大笔一挥，江山写就，意犹未尽。”就目前为止我们的认识而言，这种不可逆性起因于大量粒子的参与，如果我们可以看见单个分子，就无法分清机器到底是朝时间的正方向还是反方向运转。说得更准确点就是：造一台小小的仪器，我们知道其中所有原子的行为，能够看见它们在左摇右晃地运动。现在我们造另一台与之相似的仪器，它在前者的终态条件下开始工作，但所有的速度正好相反。那么，*这台仪器将经历相同的但却完全反向的运动*。换句话说：如果我们拍一部电影，足够详细地拍下一块材料的所有内部运作，然后放映到屏幕上，还要倒着放，那么，没有一个物理学家能够说，“这是违反物理定律的，这里面有些地方搞错了！”当然，如果我们不去观察所有的细节，情况就是完全清楚的。如果我们看见鸡蛋掉在人行道上，蛋壳破裂，如此等等，就肯定会说，“这是不可逆的，因为如果我们把电影倒着放，破碎的鸡蛋就会聚集起来，蛋壳就会拼回原样，这显然是荒谬的！”不过，如果我们观察单个原子本身，定律看起来就完全是可逆的。当然，要发现这一点就难得多了，不过，很明显，在微观的和基本的层级上，基本物理定律在时间上确实是完全可逆的。

29

2-3 对称性与守恒定律

在目前这个层次上，物理定律的对称性是非常吸引人的，不过，最终发现，当我们转到量子力学时，这种对称性变得更加引人入胜和令人激动。在量子力学中，由于某种我们无法在目前的水平上理解的原因，*每一种对称规则都有一条守恒定律与之相对应*；在守恒定律和物理定律的对称性之间存在着确定的关系——这是一个令绝大多数物理学家至今仍然感到有点难以置信的事实，是一件最深刻和最优美的事物。目前我们只能做这样的说明，不打算做任何解释。

举个例子吧，当与量子力学的原理相结合时，物理定律在空间平移下是对称的这个事实意味着*动量守恒*。

在量子力学中，物理定律在时间平移下是对称的则意味着*能量守恒*。

在空间中转过一个确定的角度时的不变性对应于*角动量守恒*。这些联系是非常有趣和非常优美的，在物理学领域属于最优美和最深刻的思想之列。

顺便提一下，在量子力学中出现的不少对称性并没有经典类比，在经典物理学中，没有任何描述它们的方法。其中之一就是：假如ψ是

30

某个过程的概率振幅，那么，我们就会知道，ψ的绝对值的平方就是这个过程发生的概率。好，如果另外有人在进行计算时打算不用这个ψ，而是用一个不同的ψ'，它只是改变了相位（令Δ是某个常数，并用$e^{i\Delta}$乘原来的ψ），那么，ψ'的绝对值的平方，即事件的概率，就等于ψ的绝对值的平方：

$$\psi' = \psi e^{i\Delta};\ |\psi'|^2 = |\psi|^2 \tag{2.1}$$

因此，如果波函数的相位改变任意一个常数，物理定律是不变的。这是另一种对称性。物理定律必定具有这种性质，即量子力学相位的改变不会引起任何差异。正如我们刚刚提到的，在量子力学中，对应于每一种对称性，都存在一个守恒定律。与量子力学相位相联系的守恒定律看来就是*电荷守恒*。总而言之，这是非常引人入胜的事情！

2-4 镜像反射

现在讨论下一个问题，即在空间反射下的对称性问题，这个问题将与本章其余大部分内容有关。问题是这样的：物理定律在反射操作下是对称的吗？我们也可以这样问：假如我们造了一台设备，比如说一个带有许多齿轮、指针和数字的时钟；它滴答滴答地走着、工作着，在它的内部有一些绷得紧紧的发条。我们在镜子中来看这个时钟。在镜子中它看起来像个什么样子无关紧要。但是，让我们实实在在地造另一个时钟吧，它与上面那个时钟在镜子中的模样完全相同——每当在原来那个时钟内有一个右旋螺纹的螺丝，我们就在镜像时钟内对应的位置安装一个左旋螺纹的螺丝；在原来的时钟钟面上标有“2”的位置，我们就在镜像时钟的钟面上标上“Ƨ”这个标记；每一卷发条在原来的时钟内以一种方式缠绕，在镜像时钟内则以另一种方式缠绕；当我们把这一切做完时，我们就有了两个都是用实物做的时钟，尽管我们强调它们都是实际存在的、用真实的材料做成的时钟，但是，它们却按照一个物体与其镜像之间的关系相互映射。现在的问题是：如果两个时钟在相同的条件下（即发条上得一样紧）开始计时，那么，这两个时钟会不会滴答滴答地一直走下去，就像一对精确的镜像那样呢？（这是一个物理学问题而不是一个哲学问题。）我们对物理定律的直觉认为，它们会这样。

我们可能会觉得，至少就这些时钟而言，空间反射是物理定律的一种对称性，如果我们把每一样东西都从“左”变到“右”，而其他方面则保持不变，我们就无法判断变化前后的差别。接下来让我们暂时假设这是对的。如果确实是这样，那么，就不可能通过任何物理现象区分“左”和“右”，这正如，不可能通过某种物理现象确定某个绝对速度一样。因此，不可能通过任何物理现象绝对地确定所谓与“左”相对的“右”指的是什么，因为物理定律应该是对称的。

当然，这个世界并非一定是对称的。举例来说，利用所谓的“地理学”，“右”肯定能够被确定下来。例如，我们站在新奥尔良朝芝加哥看去，佛罗里达就在我们的右边（只要我们站在地面上！）。因此，我们能够利用地理学来确定“左”和“右”。当然，在任何系统中，实际状况并非一定具有我们正在谈论的对称性；这里谈到的问题是，*定律*是否是对称的——换句话说，如果有一个像地球一样的天体，构成它的尘土都是“左”旋的，而且有一个像我们一样的家伙正站在一个像新奥尔良那样的地方往像芝加哥那样的城市看去，但是由于所有的东西都反了过来，因此，佛罗里达就在另一边了，这种情况是否*违反物理定律*呢？显然，使每一件东西都左右互换看来并非不可能，这并不违反物理定律。

另外一个要点是，我们对“右”的定义不应该依赖于历史事件。区分左和右的一个简易办法就是跑到机械零件商店去随便捡一颗螺丝。多数会拿到具有右旋螺纹的——未必一定是右旋的，不过，拿到右旋螺纹的机会比拿到左旋螺纹的机会大得多。这是一个历史遗留下来的或者叫做习俗的问题，或者是偶然得到的结果，并不是一个基本定律的问题。我们清楚地意识到，人人都能够着手制造左旋螺纹的螺丝！

32

因此，我们必须想办法找到一些从根本上说包含“右旋”的现象。我们讨论的下一个可能性是偏振光通过，比如说，通过糖水时其偏振面发生旋转这个事实。正如我们在第33章[1]中看到的那样，在某种糖溶液中偏振面会，比如说，向右旋转。这就是一个定义“右旋”的方法，因为我们可以把一些糖溶解在水里，就使偏振面转向右边。不过，糖来自生物体，如果我们尝试人工合成糖，就会发现它并不会令偏振面旋转！但是，如果我们接着在同样这些不会令偏振面旋转的人造糖中放进一些细菌（它们吃掉一些糖），然后滤去细菌，就会发现仍然留下一些（几乎是原来的一半那么多）糖，这一次它确实使偏振面旋转了，但却向相反的方向旋转！这看起来极其令人费解，不过却很容易加以解释。

再举一个例子：所有生物体都含有的物质之一是蛋白质，它对生命来说是非常重要的。蛋白质由氨基酸链构成。图2–1显示出一种由蛋白质产生出来的氨基酸的模型。这种氨基酸叫做丙氨酸，如果它是由真实的生物体内的蛋白质产生的，那么，分子的排列就会像图2–1（a）中看起来那样。另一方面，如果我们试图用二氧化碳，乙烷和氨合成丙氨酸（我们能够把它合成出来，它并不是一个复杂的分子），那么就会发现，我们正在合成数量相等的两种分子，一种如上所述，另一种

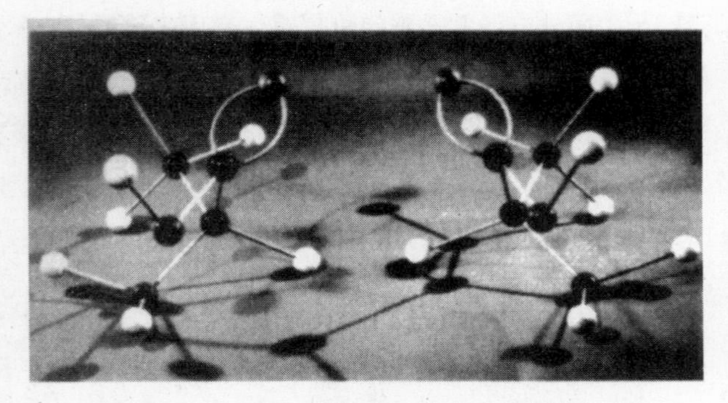

图2–1 （a）L–丙氨酸（左），（b）D–丙氨酸（右）

1. 参见原《物理学讲义》第一卷。

如图2-1（b）所示！第一种分子，即来自生物体内的分子叫做L-丙氨酸。另一种分子，因为具有同种类的原子和原子间的关联，因此其化学成分一模一样，与“左旋的”L-丙氨酸相比，是一种“右旋的”分子，叫做D-丙氨酸。有趣的是，当我们在实验室中用简单的气体合成丙氨酸时，就得到两类丙氨酸分子的等量混合物。然而，生物体只利用L-丙氨酸（这并不完全正确。D-丙氨酸在生物体内各处都有一些特别的用途，但非常罕见。所有蛋白质都只利用L-丙氨酸）。现在，如果我们把两种丙氨酸都合成出来，并用这种混合物喂养某些喜欢“吃”，或者叫做消耗丙氨酸的动物，由于动物不能利用D-丙氨酸，因此，它就只利用L-丙氨酸；这就是在我们的糖中出现的事情——细菌吃了对它们有用的糖之后，只有那些“不合用的”分子被保留下来！（左旋糖是甜的，但右旋糖的味道就不一样了。）

33

这样看来，生命现象似乎能够区分“左”和“右”，或者化学也能够这样做，原因就是，两种分子在化学上并不相同。可是，实际上并非如此！就所能够进行的物理测量来说，比如说能量、化学反应率等，如果我们让其他因素也做镜像反射，那么，两种分子就会起完全相同的作用。一种分子会使光往右旋，而另一种分子，当光通过相同数量的液体时，会使其左旋完全相同的角度。因此，就物理学而言，这两种氨基酸同样符合要求。就我们今天对事物的理解来说，薛定谔方程的基本原理表明，两种分子应该表现出完全对应的行为方式，因此，一种分子起左旋的作用，而另一种分子则起右旋的作用。尽管如此，在生物体内却只有一种方式起作用！

34

人们推测，之所以这样有以下几方面的原因。比方说，设想由于某种原因，在某一时刻生命处于这样一种状态下，某些生物体内所有蛋白质都含有左旋氨基酸，而所有酶都是有倾向性的——生物体内每一种物质都是有倾向性的——也就是不对称的。这样，当消化酶要将食物中的化合物从一种物质变成另一种物质时，其中的一类化合物与酶“相配”，而另一类就不相配（就像灰姑娘和她的水晶鞋一样，只不过我们在试穿的是一只“左脚”鞋）。就我们的认识而言，比如说，原则上我们可以培育出这样一只青蛙，其中所有分子都被翻了过来，所有东西都像一只真实的青蛙的“左旋”镜像一样；我们培育出了一只左旋蛙。这只左旋蛙有一阵子会过得很好，但是，它会发现找不到东西吃，因为如果它吞下一只苍蝇，它产生的酶无法去消化它。组成苍蝇的是“不合用的”一类氨基酸（除非我们给它一只左旋蝇）。就我们目前所知，如果所有东西都翻过来的话，化学过程和生命过程将照样进行下去。

如果生命完全是一种物理的和化学的现象，那么，蛋白质全都由相同螺旋性的分子组成这个事实就只有这样来理解：在开天辟地之时，由于偶然的因素而出现了某些生命分子，其中有一些得到繁衍。在某个地方，有一次一个有机分子带有一定的倾向性，从这次特殊的事件开始，“右旋”碰巧在我们这个特殊的地理环境下发展起来；一件特殊的、偶然的历史事件是有倾向性的，可是从那时起，这种倾向性本身就传播开来。当然，一旦演化到了现在的状态，它就将会持续下去——所有的酶都消化和生产右旋的东西：当二氧化碳和水蒸气等物质进入植物的叶子时，造糖的酶使它们出现倾向性，因为酶是有倾向性的。如果任何新的病毒或者生物种类要在稍后时出现，那么，它只有“吃”现存的生命物质才能存活下去。因此，它也就必须是同一类的生物。

不存在右旋分子的数目守恒这回事。右旋分子一旦出现了，其数目就会持续不断地增加。人们由此推测，生命现象并不表明物理定律中缺乏对称性，恰恰相反，在上述含义下，它确实显示出地球上一切生命的根本来源的共同性。

2-5　极矢量和轴矢量

下面做进一步的讨论。我们注意到，物理学领域在许多其他场合下都有“左手法则”和“右手法则”。事实上，当我们学习矢量分析的知识时，就学习过为了正确地表示角动量、力矩、磁场等物理量而必须使用的右手法则。例如，一个在磁场中运动的电荷所受到的力是 $\boldsymbol{F}=q\boldsymbol{v}\times\boldsymbol{B}$。在已知 $\boldsymbol{F}$，$\boldsymbol{v}$ 和 $\boldsymbol{B}$ 的情况下，这个公式是否足以确定右手性呢？事实上，如果我们回过头来看一看矢量的来由，就会发现“右手法则”只不过是一种约定，是一种巧妙的方法。角动量和角速度以及前面所讲到的诸如此类的物理量根本就不是真正的矢量！它们全都以某种方式与某个平面相关，只是因为空间有三维，才使我们能够将这种量与垂直于那个平面的一个方向联系起来。在两个可能的方向中，我们选择了“右旋”的方向。

因此，假如物理定律是对称的，我们就会发现，如果有一个精灵偷偷地溜进所有的物理实验室，并在每一本讲到“右手定则”的书中将“右”字改为“左”字，以至我们全都统一使用“左手定则”，那么，将不会给物理定律带来任何差异。

我们来做一些说明。存在两类矢量，有一类是“真正的”矢量，比如空间中的位移 $\Delta\boldsymbol{r}$。如果在我们的仪器中这里有一个零件，那里有另一件别的东西，那么，在一个镜像仪器中就会有这个零件的像和另一件东西的像，如果我们从这个“零件”向“另一件东西”画一个矢量，那么，一个矢量就是另一个矢量的镜像（图2－2）。矢量的箭头改变了方向，就好像整个空间翻转过来一样；我们把一个这样的矢量叫做*极矢量*。

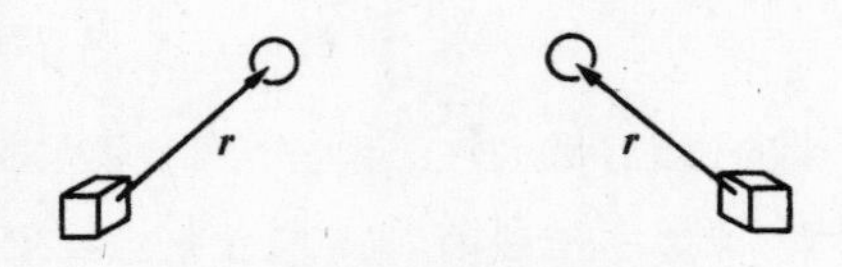

图2–2　空间中的位移和它的镜像

但是，另一类与旋转有关的矢量具有不同的性质。例如，设想在三维空间中某个物体如图2－3所示那样旋转。如果我们在一面镜子中看它，那么，它就会如图所示那样旋转，即像原来旋转的镜像那样旋转。现在，我们约定用相同的规则表示镜像旋转，它是一个“矢量”，在空间反射下*并不像*极矢量那样改变，而是相对于极矢量和空间的几何关系而言在方向上被颠倒过来；一个这样的矢量叫做*轴矢量*。

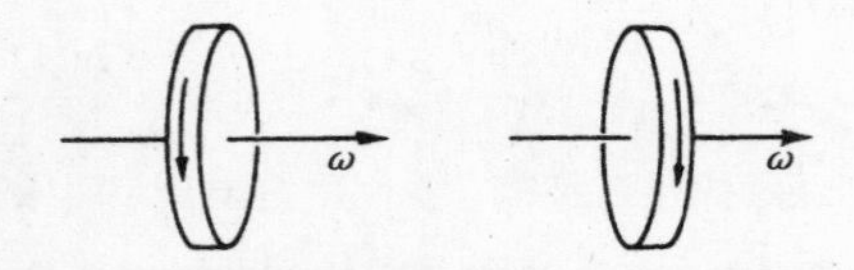

图2–3　一个转轮和它的镜像，注意角速度“矢量”在方向上没有被颠倒

好，如果反射对称定律在物理学中是正确的，那么，物理方程就必须是这样设计出来的：如果我们将每一个轴矢量和矢量的每一个叉乘的正负号改变（这与反射相对应），就不应该有任何差别。举例来说，

当我们写下一个表示角动量$\boldsymbol{L}=\boldsymbol{r}\times\boldsymbol{p}$的公式时，这个公式就是完全正确的，原因就是，如果我们变换到左手坐标系，就改变了$\boldsymbol{L}$的正负号，而$\boldsymbol{p}$和$\boldsymbol{r}$却不改变；由于我们必须将右手定则换成左手定则，所以，叉乘的正负号就要改变。再举另一个例子，我们知道，作用于一个在磁场中运动的电荷上的力是$\boldsymbol{F}=q\boldsymbol{v}\times\boldsymbol{B}$，但是，如果我们从右手系变成左手系，由于已知$\boldsymbol{F}$和$\boldsymbol{v}$是极矢量，因此，由叉乘引起的变号必须被$\boldsymbol{B}$的变号抵消，这就意味着$\boldsymbol{B}$必须是一个轴矢量。换句话说，如果我们进行这样一个反射，$\boldsymbol{B}$必定变成$-\boldsymbol{B}$。因此，如果我们将坐标系从右手系变成左手系，也必定把磁极从南极变成北极。

37

我们用一个例子来说明这种情况吧。设想我们有两块磁铁，如图2-4所示。一块磁铁上的线圈朝某个方向缠绕，电流沿着某个方向流过线圈。另一块磁铁看上去就像是第一块磁铁在一面镜子中的映像一样——线圈将朝另一个方向缠绕，发生在线圈中的所有现象完全被颠倒过来，电流的走向如图所示。好，利用产生磁场的定律（我们还未正式讨论过这一点，不过很有可能在中学里学过）求出的磁场如图所示。如果一块磁铁的某个磁极是南磁极，那么，在另一块磁铁上，电流沿着另一个方向流过，磁场被颠倒过来，对应的磁极就是北磁极。于是我们看到，当我们从右旋变为左旋时，确实把北磁极与南磁极互换了！

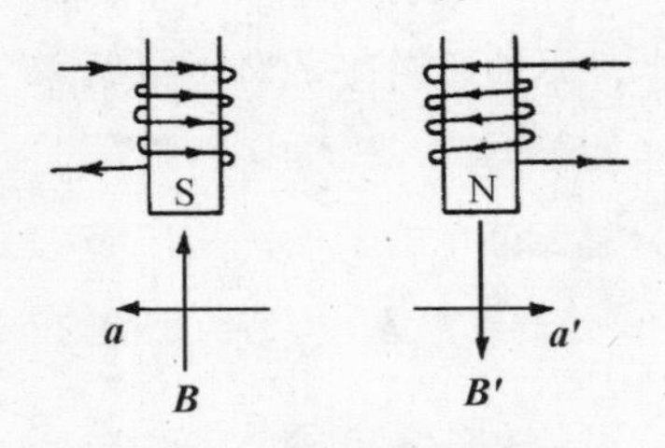

图2-4　一块磁铁和它的镜像

不必介意南北磁极的改变；这些也只是约定而已。让我们来谈谈现象吧。假定现在有一个在磁场中运动的电子进入纸面上。于是，如果我们利用公式$q\boldsymbol{v}\times\boldsymbol{B}$（记住电荷是负的）求电子的受力，就会发现电子将朝着物理定律指定的方向偏转。因此，我们看到的现象就是，在一个线圈内朝指定的方向流过电流，一个电子以某种方式弯曲——这就是物理学的内容——它不管我们如何标记每件事物。 38

现在，我们用一面镜子做同样的实验：我们朝对应的方向发射一个电子，这时，力的方向颠倒过来，如果我们用相同的规则做计算的话，那么，由于对应的运动是镜像运动，因此，得到的结果完全正确！

2-6 到底哪一只是右手

这样看来，实际的情况是，在研究任何现象时总是有两种或者偶数种正确的手性规则，而最终的结果是，现象看起来总是对称的。因此，简而言之，倘若我们连南极和北极都分辨不出，也就无从分辨左手和右手。可是，表面上看我们能够辨认出磁铁的北极。比如说，指南针的北极是指向北方的一根指针。不过，这当然也是一种局部的性质，它必须根据地球上某一地区的自然特征做出判断；这只不过就像谈论芝加哥在哪个方向一样，是不算数的。如果我们见过指南针，就可能会注意到指向北极的指针是浅蓝色的。可是，这只不过是人们涂到磁铁上的颜色。这些性质全都是局部性的、人为约定的判断准则。

然而，假如一块磁铁真的具有这样一种性质，当我们足够近地观察它时，就会看到细小的绒毛在它的北磁极上而不是在南磁极上长出来，如果这是一般的规则，或者如果存在任何惟一的方法可以把北磁极和南磁极区分开，那么，我们就可以辨别出两种情形中我们实际上看到的是哪一种，而这将会是反射对称律的终结。

39　为了更清楚些说明整个问题，设想我们正在与一个火星人或者某个离得非常非常远的人通过电话交谈。我们不能向他发送任何用作检验的实际的样品；比如说，如果我们可以传送光信号，就可以向他发送右旋圆偏振光，并且对他说，“这是右旋光——只要检查一下它的旋转方向就知道了。”可是，我们不能向他发送任何东西，只能与他交谈。他离得很远，或者在某个奇怪的地方，看不到任何我们能够看到的东西。比如说，我们不能说，“看一看大熊星座；好，留意那些星星是怎样排列的。我们所指的‘右’是……”我们只能通过电话与他交谈。

现在，我们想要把有关我们的一切都告诉他。当然，我们首先从定义数字开始，于是这样说，“滴答，滴答，2，滴答，滴答，滴答，3，……”这样，他逐渐地能够理解一些单词了，就这样做下去。过了一会儿，我们就有可能变得跟这个家伙非常熟了，接着他就会说，“你们这些家伙长了个什么模样呢？”我们就开始描述自己了，对他说，“噢，我们有6英尺（1英尺约为0.3048米）高。”他说，“等一下，6英尺是什么意思？”有可能告诉他6英尺是什么意思吗？当然有可能！我们对他说，“你知道氢原子的直径吧，我们有17000000000个氢原子那么高！”之所以能够这样说，原因就是物理定律在尺度变换下是不变的，因此，我们能够定义一个绝对长度。我们就这样说明了身体的大小，并告诉他体型大致上如何——我们的身体有一些像丫叉一样的东西，丫叉的末端伸出5个突出来的玩意儿，如此等等，他顺着我们的描述进行想象，我们就这样描述完了我们的外表长得怎样，这大概不会遇到任何特别的困难。在我们描述自己的过程中，他甚至做出一个我们的外形的模型来。他说，“哎呀，你们一定是非常英俊的家伙；那么身体里头有什么呢？”于是我们开始描述身体里头的各种器官，我们说到心脏，我们仔细地描述了它的形状，对他说，“好，把心脏放在左边。”他说，“嗯…… 左边？”我们现在的问题就是，要向他描述心脏在哪一边，而他则看不到任何我们所看到的东西，我们也不向他发送任何说明“右”是什么的样品——没有任何标准的右旋物体。我们做得到吗？

2-7 宇称不守恒了

研究结果表明，万有引力定律、电磁定律、核力都满足反射对称原理，因此，这些定律，或者由它们导出的任何结论都派不上用场。不过，有一种现象，它与自然界中发现的许多粒子有关，叫做β衰变，或者叫做弱衰变。弱衰变的其中一个例子与1954年前后发现的一种粒子有关，它引出了一个不可思议的难解之谜。有一种按图2-5所示那样衰变成3个π介子的带电粒子。这种粒子有一阵子曾经被叫做τ介子。我们在图2-5中还看到另一种粒子，它衰变成2个介子；由电荷守恒可知，其中一个必定是电中性的。这种粒子叫做θ介子。这样，第一，我们有一种叫做τ介子的粒子，它衰变成3个π介子，还有一种叫做θ介子的粒子，它衰变成 2 个π介子。过了没多久就发现，τ介子和θ介子的质量几乎相等；事实上，在实验的误差范围内，它们是相等的。其次，人们发现，它们衰变成 3 个π介子和 2 个π介子所需要的时间间隔几

40

乎完全相等，即它们具有相同的寿命。还有，无论什么时候产生这两种粒子，它们都会按相同的比例诞生，即14％的τ介子和86％的θ介子。

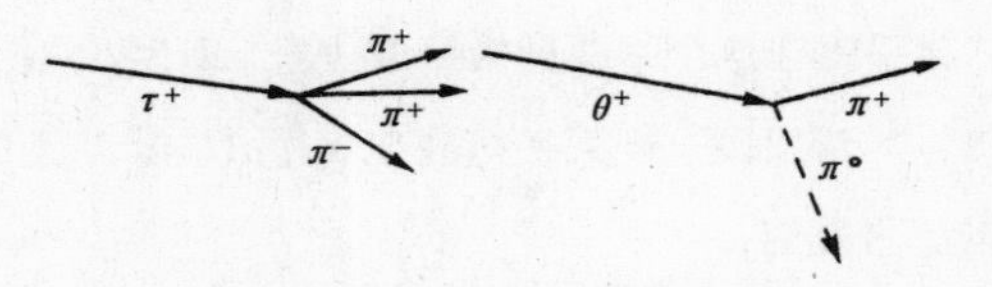

图2-5　τ^+和θ^+粒子衰变的示意图

任何大脑清晰的人立刻就会意识到，它们必定是同一种粒子，我们只是产生出了一种具有两种不同的衰变方式的粒子——不是两种不同的粒子。这种能够按两种不同方式衰变的粒子因此就具有相同的寿命和相同的产出比例（因为这就是衰变成这两种类型的机会之比）。

41

然而，利用量子力学中的镜像对称原理可以证明（我们在这里完全无法解释如何证明），让这两种状态都来自同一种粒子是*不可能*的——同一种粒子*不可能*按这样两种方式衰变。与镜像对称原理对应的守恒定律是没有经典类比的，于是，就把这种量子力学的守恒叫做*宇称守恒*。因此，正是宇称守恒的结果，或者更精确地讲，由于在镜像变换下弱衰变的量子力学方程的对称性，使得同一种粒子不可能衰变到两种状态，看来，这必定是质量、寿命等因素的某种巧合。但是，对这个现象研究得越深入，这种巧合就越显著，怀疑的看法逐渐地出现了，自然界的镜像对称性这条深刻的定律可能是不正确的。

由于这种显而易见的失效，为了检验这个定律在别的情况下是否正确，物理学家李政道和杨振宁建议做一些与这个衰变有关的其他实验。第一个这样的实验由哥伦比亚大学的吴健雄女士做出来了，实验是这样做的：我们知道，钴有一种通过发射一个电子而衰变的同位素，它在极低温度下的极强磁场中具有磁性，如果温度足够低，以至热振动不会使原子的磁场抖动得太厉害，它们就会顺着磁场排列起来。因此，所有的钴原子就在这个强磁场中排成一行。随后，它们就要发射一个电子而衰变，实验发现，当原子排列在一个$\boldsymbol{B}$矢量朝上的磁场中时，大部分电子向下方发射。

如果一个人并不是真正“熟悉”这个世界，上面所谈到的现象似乎没有任何意义，但是，如果我们懂得世界上的问题以及各种有趣的事情，那么就会看到，这是一项最引人注目的发现：当我们把钴原子放在一个极强的磁场中时，在衰变出来的电子中，向下运动的比向上运动的多。因此，如果我们在“镜像”中做一个相应的实验，在这个实验中钴原子会朝着相反的方向排成一行，那么，它们就会向上而不是向下发射电子；实验中显示出的行为是不对称的。磁铁长出了细小的绒毛！磁铁的南极就是这样一个磁极，它令β衰变中产生的电子倾向于远离它；这就在物理上把北极与南极区分开来了。

42

在这之后，人们做了许多其他实验：π衰变成μ和ν；μ衰变成一个电子加上两个中微子；近年来做的Λ衰变成质子和π的实验；Σ粒子的衰变；以及许多其他的衰变实验。事实上，在几乎所有可预计的情形中，人们都发现，实验不遵从镜像对称性！从根本上说，在物理学的这一个层次上，镜像对称律并不适用。

简而言之，我们能够告诉火星人该把心脏放在哪一边，我们对他说，“听好了，你自己做一块磁铁，并把线圈套进去，再通上电流，然后取一些钴并把温度降低。把实验安排成这样，使得电子从脚部向头部运动，这样，电流通过线圈运动的方向就是这样一个方向，从我们所说的右边流入而从左边流出。”因此，现在通过做一个这种类型的实验就有可能确定左和右了。

人们还预言过许多其他的特性。比如说，实验结果表明，钴核的自旋，即角动量在衰变前是5个 $\hbar$ 单位，而在衰变后是4个 $\hbar$ 单位。电子带有自旋角动量，衰变还产生一个中微子。从这里很容易看出，电子必定带有指向其运动方向的自旋角动量，中微子也一样。因此，看起来电子好像是左旋的，而这也得到了证实。事实上，电子大都向左旋转这个结论就是在加州理工学院这里由玻姆（Boehm）和韦帕斯特拉（Wapstra）证实的。（还有另外一些实验给出了相反的答案，但是那些实验都做错了！）

43

下一个问题自然就是要找出宇称守恒失效的规律。有什么规则使我们知道这种失效的程度有多大呢？这条规则是，失效只在那些非常慢的，叫做弱衰变的相互作用中发生，而当这种情况出现时，这条规则表明，像电子、中微子这样具有自旋的粒子倾向于按左旋的状态被发射出来。这是一条带有倾向性的规则；它把速度这个极矢量和角动量这个轴矢量联系起来，并且认为角动量方向逆着速度方向的可能性比顺着速度方向的可能性大。

好了，这条规则就是这样了，不过，如今我们并没有真的弄明白这条规则的来由。为什么这条规则是正确的，它的基本因由是什么，还有，它如何与别的事情联系起来？对上述事件是非对称的这个事实，我们感到如此震撼，以至于此刻还未能从这种震撼中充分恢复过来，去理解这个规则对其他所有的规则有何意义。然而，这个问题是引人入胜的，是新颖的、仍未解决的，因此，讨论与之相关的一些问题看来是合适的。

2-8 反物质

当其中一种对称性失效时，首先要做的事情就是立刻回过头去查一下已知的或者想当然的对称性清单，看看是否还会失去任何别的对称性。在我们的这张清单上，有一种操作还没有提到，这就是物质与反物质之间的关系，它也必须受到质疑。狄拉克曾经预言，除了电子之外，一定还有另外一种叫做正电子的粒子，它必然与电子有关（由安德森在加州理工学院发现）。这两种粒子的所有性质服从确切的对应规则：能量相等；质量相等；电荷反号；不过，有一条规则比任何别的规则都重要，这就是，当一对这样的粒子凑在一起时，就会相互湮没，并把它们的全部质量以能量的形式（比如说γ射线）释放出来。正电子是电子的一种*反粒子*，这些就是粒子和它的反粒子的特性。由狄拉克的论据清楚地知道，宇宙中所有别的粒子也应该有对应的反粒子。比如说，对应于质子应该有一个反质子，用$\bar{p}$标记这个粒子。$\bar{p}$应该带有负电荷，而且，质量与一个质子的质量相同，如此等等。然而，最重要的性质是，一个质子和一个反质子凑在一起时会相互湮没。我们强调这一点的理由是，当我们说存在一个中子，还存在一个反中子这句话时，人们并不理解是什么意思，因为他们会说，“一个中子是中性的，这样，它怎么*可能*带有相反的电荷呢？”在这里，“反”字体现的规则并非只是指它带有相反的电荷，而是指它具有一组性质，这组性质全部相反。反中子与中子是按照这样的方式被区别开来的：如果我们把两个中子

44

放在一起，它们只是作为两个中子而存在，可是，如果我们把一个中子和一个反中子放在一起，它们就会相互湮没，形成巨大的爆炸而释放出能量，发射出各种π介子、γ射线以及各种稀奇古怪的粒子。

好，假如我们有了反中子、反质子和正电子，原则上就能够造出反原子。它们还未被造出来，但原则上是可能的。例如，一个氢原子在中心处有一个质子，一个电子在外围旋转。现在设想我们在某个地方能够造出一个反质子，让正电子绕着它旋转，它会绕着转吗？唔，首先，反质子带负电，而正电子带正电，因此，它们按对应的方式相互吸引——正反粒子质量完全相等；所有事情都相同。这是物理学中的对称性原理之一，物理方程似乎显示，假如一方面有一个时钟，比如说，用物质做成，另一方面我们造一个相同的反物质时钟，那么，它就应该按上面所说的对应方式运转（当然，如果我们把两个时钟放在一起，它们就会相互湮没，但这是另一回事了）。

这一来就出现了一个问题。我们能够用物质做两个时钟，一个是 45 “左旋的”，一个是“右旋的”。比如说，我们可以做这样一个时钟，它不是用简单的方法做的，而是用钴和磁铁以及电子探测器做成，这个探测器是用来探测β衰变电子的存在并对其进行计数的。每数到一个电子，秒针就跳一格。于是，镜像时钟由于接收到较少电子，就不会以相同的速率走动。因此，我们显然能够做出两个时钟，使左旋钟与右旋钟快慢不同。让我们用物质来做一个时钟吧，把这个钟叫做标准钟或者右旋钟。然后，让我们还是用物质来做一个左旋钟吧。我们刚才就已经发现，一般来说，这两个时钟将不会走得一样快；在上述那个著名的物理现象发现之前，人们曾经认为它们应该走得一样快。人们还假定，物质与反物质是等效的。那就是说，如果我们做一个形状一样的右旋反物质时钟，那么，它就会与右旋的物质时钟走得一样快，而如果我们做出一样的左旋时钟，它们也应该走得一样快。换句话说，原先人们相信*所有这四种*时钟全都走得一样快；现在我们当然知道，右旋物质和左旋物质是不一样的。因此，这样推测起来，右旋的反物质与左旋的反物质也是不一样的。

因此，显而易见的问题就是，如果存在配对的话，究竟哪一个对哪一个呢？换句话说，右旋物质的行为举止与右旋反物质的一样吗？或者说，右旋物质的行为举止与左旋反物质的一样吗？使用正电子衰变代替电子衰变的β衰变实验显示，这种相互关联是："右旋"物质的行为与"左旋"反物质的行为一模一样。

因此，总算得出结论了，左右对称性确实依旧维持下来！如果我们做了一个左旋时钟，只是用另一种类物质来做，即反物质而不是物质，那么，它就会走得一样快。因此，所得出的结论就是，出现在我们的对称性列表中的，不再是两条独立的规则，而是这两条规则合并起来变成一条新的规则，这条规则说，右旋物质与左旋反物质是对称的。

因此，如果我们的火星人朋友是由反物质构成的，而我们又指示他构造像我们这样的"右旋"模型，当然就会得出相反结果了。在经过了多次你来我往的交谈之后，我们彼此教会对方建造宇宙飞船，并且双方在宇宙空间的中途相会，这时，会发生什么事情呢？我们已经相互向对方传授过自己的习惯以及其他别的知识了，并且双方都迫不及待地相互握手。好了，如果他伸出左手，千万要当心！

46

2-9　不完整的对称性

下一个问题是，我们该如何去理解那些*接近于*对称的定律呢？有关这个问题，令人惊讶的是，一方面，在横跨物理学各个领域，包括强相互作用现象——核力、电相互作用现象，甚至像万有引力这样的弱的相互作用等重要的领域内，有关这些现象的所有的定律似乎都是对称的；另一方面，这个小小的额外的例子却认为，“不是的，物理定律并不是对称的！”大自然是几乎对称的，但又不是完全对称的，这究竟是怎么一回事？我们该怎样理解这一点？首先要问，我们还有任何别的例子吗？答案是，事实上我们确实有一些别的例子。比如说，在质子与质子之间、在中子与中子之间，以及在中子与质子之间，相互作用力的核力部分是完全相同的——核力具有一种对称性，一种新的对称性，它使我们能够交换中子和质子——可是，这种对称性显然不是一种普遍成立的对称性，原因就是，在两个相隔一段距离的质子之间的静电排斥力对中子而言并不存在。因此，我们*总是*能够用一个中子代替一个质子这个断言并不是普遍成立的，它只不过是一个好的近似。为什么说是*好的*近似呢？因为核力比静电力强得多。因此，这也是一个“接近于”对称的情形。这样看来，我们在别的事情上确实也有一些例子。

在人类的心智中有一种倾向，认为对称性是某种完美的象征。事实上，这与希腊人的古老的观念一样，认为圆是完美的，如果相信行星的轨道不是圆形，而只是*接近*于圆形，这就太可怕了。圆周轨道与近圆周轨道之间的差别并不是一种小小的差别，就人类的心智而言，这是一个根本性的改变。在圆形中存在着完美性和对称性的一个标志，一旦出现微小的偏离，就什么也没有了——这种偏离是完美性和对称性的终结——它不再是对称的了。于是，问题就在于，为什么行星的轨

47

道只是*接近于*一个圆呢——这是一个困难得多的问题。一般来说，行星的实际运动轨道应该是椭圆，但是，随着时间的流逝，由于潮汐力等因素的作用，轨道就变得接近于对称了。接下来的问题是，我们在这里是否存在着一个类似的问题呢。从圆形的观点来看，这个问题就是，假如行星的轨道是精确的圆形，那么，情况显然是很简单的，也就无须做什么解释。可是，由于它们只是近似的圆形，就需要做很多解释，结果表明，这是一个很大的动力学问题，而我们现在的问题就是，通过考虑潮汐力等因素来解释它们为什么是近似对称的。

这样看来，我们的问题就是要解释对称性的由来。为什么大自然如此接近对称呢？没有人知道其所以然。我们可能想到的惟一的解释大概是这样的：在日本有一座大门，一座建于内冈市（Neiko）的大门，日本人有时认为它是全日本最美丽的大门；它是在深受中国艺术强烈影响的时期建成的。这座大门做得非常精巧，上面有许多山形墙和美丽的雕刻，还有许多柱子以及刻有龙头和帝王图案的门柱，如此等等。可是，当人们挨近去看时，就会看到，在其中一根门柱上，在精巧而复杂的图案中，有一个小小的图案是颠倒过来刻的；要是没有这个图案，事情就是完全对称的了。如果你要问为什么会这样，传说中说，把它颠倒过来刻，为的是使天神不至于嫉妒人类的完美。因此，他们故意在那里留下一个错误，这样，天神就不会因为嫉妒而迁怒于人类了。

我们宁愿把这种看法倒过来，认为大自然之所以接近于对称，其真正的解释是：上帝把物理定律造得只是接近于对称，这样，我们就不至于嫉妒他的完美了！

CALTECH

第三章

狭义相对论

3-1 相对性原理

200多年以来，人们相信，由牛顿阐明的运动方程正确地描述了大自然，而第一次在这些定律中发现一个错误时，纠正这个错误的方法也就被找到了。这个错误及其纠正都由爱因斯坦于1905年发现。 49

我们曾经用以下方程来表述牛顿第二定律

$$F = \mathrm{d}(mv) / \mathrm{d}t,$$

这个表述含有一个不言而喻的假设，即m是一个常数，但是，我们现在知道这并不正确，物体的质量随速度的增加而增加。在经爱因斯坦修正过的公式中，m具有如下的表示形式

$$m = \frac{m_0}{\sqrt{1 - v^2 / c^2}}, \tag{3.1}$$

其中“静质量”m_0表示一个不运动的物体的质量，而c是光速，大约等于3×10^5千米/秒，或者大约186000英里/秒（1英里约为1.609千米）。

对于那些只是为了解决问题的人来说，以上就是相对论的全部知识了——它只是通过引入一个质量修正因子对牛顿定律做了修正。从公式本身容易看出，在一般情况下，这个质量的增加是非常小的。如果速度大到像环绕地球运行的人造卫星那么高，即5英里/秒，那么$v/c = 5/186000$：把这个数值代入公式中就看到，对质量的修正只等于二三十亿分之一，这个修正几乎不可能观测到。实际上，通过对多种粒 50

子的观察，公式的正确性得到充分的证实，在这些粒子中，速度最高的几乎等于光速。然而，由于这种效应通常是如此之小，因此，它在理论上先于在实验上被注意到。根据经验判断，在足够高的速度下，这种效应是非常大的，但是，它并不是用这种方法发现的。因此，了解一下一条涉及如此细微的修正的定律在首次被发现时，如何通过实验和物理推理方法的结合而被揭示出来是引人入胜的。许多人对这个发现做出了贡献，这些工作的最终成果就是爱因斯坦的发现。

实际上，爱因斯坦的相对论包括两个部分。这一章讲述狭义相对论，这个理论可以追溯到1905年。1915年，爱因斯坦发表了另一个理论，叫做广义相对论。这后一个理论研究狭义相对论到万有引力定律问题的扩展；我们在这里不会讨论广义相对论。

相对性原理最先由牛顿在他的运动定律的一个推论中陈述过："在一个给定的空间中，各个物体的运动是彼此相同的，无论这个空间是静止的，还是做匀速直线运动。"这就意味着，比如说，如果一艘宇宙飞船正在匀速漫游，那么，在宇宙飞船中做的所有实验以及其中的所有现象，将与当飞船没有运动时所看到的一模一样，当然啦，要假定实验者不朝外张望。这就是相对性原理的意义。这是一个极其简单的观念，仅有的问题是，对于在一个运动系统中做的所有实验来说，物理定律看起来与假定该系统静止时的样子相同，这个断言是否正确？让我们先来研究一下牛顿定律在运动系统中是否一模一样。

51

假设莫正以匀速u朝x方向运动并测量某个点的位置，如图3－1所示。他在自己的坐标系中把这个点的"x坐标"记为x'。乔静止不动，并且测量同一个点的位置，在自己的坐标系中把他的"x坐标"记为x。两个坐标系中的坐标之间的关系从图中清楚可见。经过时间t之后，莫的坐标原点移过了一段距离ut，如果开始时两个坐标系重合，那么

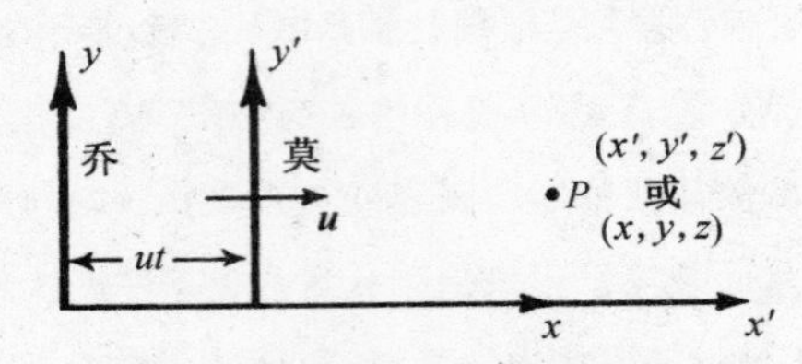

图3–1 沿着x轴做匀速相对运动的两个坐标系

$$\begin{aligned} x' &= x - ut, \\ y' &= y, \\ z' &= z, \\ t' &= t. \end{aligned} \tag{3.2}$$

如果我们把这个坐标变换代入牛顿定律中，就会发现，当这些定律被变换到带撇的坐标系中时，形式是一模一样的；也就是说，牛顿定律在一个运动的坐标系中与在一个静止的坐标系中形式相同，因此，通过力学实验不可能得知系统是否在运动。

长期以来，相对性原理被用于力学问题中。它被各种不同的人，特别是惠更斯，用来求出台球的碰撞规则，其方法与我们在第10章[1]中用来讨论动量守恒的方法极其相似。在19世纪，由于研究工作进入了电、磁和光现象的领域，对这条原理的兴趣加深了。许多人对这些现象进行了大量细心的研究，其中麦克斯韦的电磁场方程组达到了顶峰，它用统一的方法描述了电、磁和光的现象。然而，麦克斯韦方程组似乎不遵从相对性原理。这就是说，如果我们把方程（3.2）代入麦克斯韦方

52

1. 参见原《物理学讲义》第一卷。

程组进行变换，那么，它们的形式并不保持不变；因此，在一艘运动着的宇宙飞船上，电学的和光学的现象应该不同于一艘静止的飞船上的现象。这样，人们就可以利用这些光学现象来确定飞船的速度；尤其是可以通过实施适当的光学的或电学的测量来确定飞船的绝对速度。麦克斯韦方程组的推论之一是，如果在场中出现扰动而发出光，那么，这些电磁波就会向四面八方均匀地以相同的速度c，即186000英里/秒传播。方程组的另一个推论是，如果扰动的源头在运动，发射出来的光则以相同的速度c穿越太空。这类似于声音的传播，声波的速度同样不依赖于波源的运动状态。

在光波的情况下，这种与波源的运动状态无关的特性，引出了一个引人入胜的问题：

设想我们坐在一辆以速度u行驶的汽车上，从后方发出的光波以速度c越过汽车传播。对（3.2）式求一次导数得到

$$\mathrm{d}x' / \mathrm{d}t = \mathrm{d}x / \mathrm{d}t - u,$$

这就意味着，根据伽利略变换，我们在汽车中测得的越过光波的表观速度就不会是c而应该是$c-u$。举例来说，如果汽车以100000英里/秒行驶，而光则以186000英里/秒传播，那么，表观上看，越过汽车的光波应该以86000英里/秒传播。总之，通过测量越过汽车的光波的速度（如果伽利略变换对光波而言正确的话），人们就应该能够确定汽车的速度。在这种一般想法的基础上，人们做了大量的实验以确定地球的速度，但是，这些实验全都失败了——它们根本没有给出什么速度来。为了确切地说明人们做了什么，以及问题到底出在哪里，我们

53

将详细地讨论其中的一个实验；当然，确实是出了点什么问题，在物理方程中存在着某些错误。到底是怎么一回事呢？

3-2 洛伦兹变换

当物理方程在上述情形中失效的问题被揭示出来时，人们首先想到的是，麻烦一定出在电动力学的新的麦克斯韦方程组上，这组方程当时只有20年的历史。这些方程看起来几乎明显地一定是错的，因此，要做的事情就是改变它们，使得在伽利略变换下相对性原理得到满足。当人们试图这样做的时候，那些必须被引入到方程组中的新的项预言了新的电学现象，当人们从实验上检验这些预言时，这些现象根本就不存在，因此，这种尝试不得不被放弃。后来，事情逐渐地变得明朗了，电动力学的麦克斯韦定律是正确的，出现的麻烦必须在别的地方寻找。

在这个期间，洛伦兹在麦克斯韦方程组中实施下面的变换时注意到了一件不寻常的奇怪的事情：

$$
\begin{aligned}
x' &= \frac{x-ut}{\sqrt{1-u^2/c^2}},\\
y' &= y,\\
z' &= z,\\
t' &= \frac{t-ux/c^2}{\sqrt{1-u^2/c^2}},
\end{aligned}
\tag{3.3}
$$

当把这个变换应用到麦克斯韦方程组的时候，方程组保持形式不变！公式（3.3）就是著名的洛伦兹变换。接着，爱因斯坦仿效原先庞加莱的一个提议，建议所有的物理定律都应该在洛伦兹变换下保持不变。换句话说，我们应该改变的，不是电动力学的定律，而是力学的定律。我们应该如何改变牛顿定律，使它们在洛伦兹变换下保持不变呢？如果这个目标确定下来了，我们就必须以这样一种方式改写牛顿的方程组，使我们提出的条件得到满足。结果发现，惟一的要求就是，在牛顿方程组中的质量m必须用公式（3.1）给出的形式替换。当做了这种改变之后，牛顿定律和电动力学定律就会相互协调。于是，如果我们在比较莫与乔的测量时使用洛伦兹变换，就根本不可能搞清楚究竟哪一个人在运动，原因就是，在两个坐标系中，所有方程的形式都将是相同的！

54

用坐标与时间之间的新变换代替旧变换到底有什么意义，讨论一下这个问题是颇为有趣的，因为旧的（伽利略）变换似乎是不言而喻的，而新的（洛伦兹）变换看起来是特殊的。我们想知道，是新的而不是旧的变换正确，这在逻辑上和实验上是否可能。为了找出问题的答案，研究力学定律是不够的，而是应该像爱因斯坦所做的那样，还必须分析我们关于空间和时间的观念，以便理解这个变换。我们将不得不相当详尽地讨论这些观念以及它们在力学上的含义，因此，我们先交待一下，因为结论与实验是一致的，所以这种努力是有理由的。

3-3　迈克尔孙-莫雷实验

正如上面所提到的，人们多次尝试确定地球通过假想的"以太"运动时的绝对速度，这种“以太”被想象成充满整个空间。在这些实验中，最著名的是迈克尔孙和莫雷在1887年所做的一个实验。18年之后，该实验的否定结果才最终由爱因斯坦做出了解释。 55

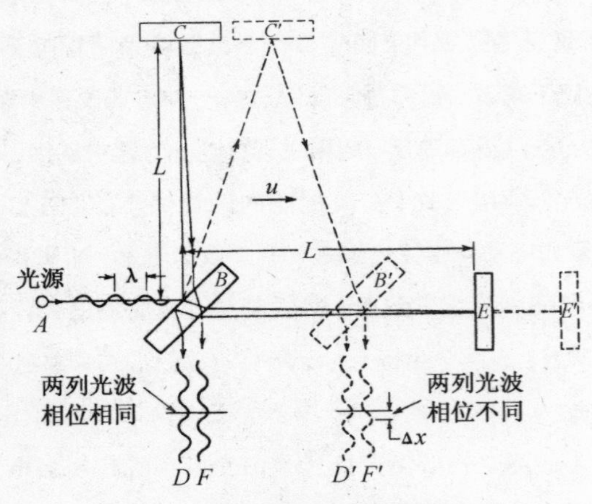

图3–2 迈克尔孙–莫雷实验示意图

迈克尔孙–莫雷实验使用一台如图3–2所示的仪器进行。这台仪器基本上由一个光源A、一块部分镀银的玻璃板B和两块镜子C和E组成，所有部件都安装在一块坚固的底座上。两块镜子被安装在与B等距离L的位置。玻璃板B将入射的光束分开成两束，而这两束被分开的光束在相互垂直的方向继续射向两面镜子，在那里，它们被反射回B处。在返回到B时，这两束光作为叠加光束D和F重新结合起来。假如光从B传播到E的来回时间与从B传播到C的来回时间相等，那么，出来的光束D和F的相位就会相同，而光强就会相互加强，但是，如果这两个时间稍微不同，这两束光就会有微小的相位差，结果就会产生干涉现象。如果这台仪器“静止”在以太中，那么，这两个时间就应该正好相等，但是，如果仪器以速度u朝右方运动，这两个时间就会存在差异。

让我们看一看为什么会这样。

56　我们先计算光从B传播到E并返回所需要的时间。令光从玻璃板B传播到镜子E的时间是t_1，而返回的时间是t_2。现在，在光从B传播到镜子这段时间内，仪器运动了一段距离ut_1，因此，光波必须以速度c穿越一段距离$L+ut_1$。我们也可以用ct_1表示这段距离，由此得到

$$ct_1 = L + ut_1,\ \text{或者}\ t_1 = L/(c-u).$$

（从光波相对于仪器的速度是$c-u$这个观点来看，上述结果也是明显的，因此，时间就是长度L被$c-u$除。）用类似的方法可以计算时间t_2。在这段时间内，玻璃板B前进了一段距离ut_2，因此，光波的回程距离是$L-ut_2$。于是得到

$$ct_2 = L - ut_2,\ \text{或者}\ t_2 = L/(c+u).$$

结果，总的时间就是

$$t_1 + t_2 = 2Lc/(c^2 - u^2).$$

为了便于今后对时间做比较，我们将这个式子写成

$$t_1 + t_2 = \frac{2L/c}{1-u^2/c^2} \tag{3.4}$$

第二个计算是光波从B传播到镜子C的时间t_3。与前面一样，在t_3时间内，镜子C向右运动了一段距离ut_3 到达位置C'；与此同时，光波沿着一个直角三角形的斜边传播了一段距离ct_3，这个距离是BC'。对于这个直角三角形我们有

$$(ct_3)^2 = L^2 + (ut_3)^2$$

或者

$$L^2 = c^2t_3{}^2 - u^2t_3{}^2 = (c^2 - u^2)t_3{}^2,$$

由此得到

$$t_3 = L / \sqrt{c^2 - u^2}.$$

对于从C'返回的路程，从示意图的对称性可以看出，距离是一样的；因此，回程的时间也是一样的，而总的时间是$2t_3$。稍微将公式的形式重新整理一下就能够写出 57

$$2t_3 = \frac{2L}{\sqrt{c^2 - u^2}} = \frac{2L / c}{\sqrt{1 - u^2 / c^2}}. \qquad (3.5)$$

我们现在能够比较两束光所耗费的时间了。表达式（3.4）和（3.5）的分子是相等的，它们表示假定仪器不动时要花费的时间。在分母中，除非u的大小与c差不多，否则u^2/c^2项将会很小。分母表示由

仪器的运动引起的时间上的修正。看到了吧，这些修正并不相等——尽管两块镜子到B是等距离的，传播到C并返回的时间也要比传播到E并返回的时间稍微短一些，而我们必须要做的就是要精确地测量这个差别。

这里出现了一个不太重要的技术性的问题——假设两段长度L不精确地相等会怎样？事实上，我们肯定不能使它们完全相等。在这种情况下，我们只要将仪器转过90°，使BC沿着运动的方向而BE垂直于运动的方向就行了。这样，长度上任何微小的差异就变得不重要了，而我们要寻找的就是，当我们转动仪器时干涉条纹的移动。

在进行实验时，迈克尔孙和莫雷将仪器放置得使BE线（在白天和夜晚的某些时候）几乎平行于地球在其轨道上运动的方向。这个轨道速度大约是每秒18英里，而在白天或者夜晚的某个时刻以及在一年之中的某段时间，任何"以太漂移"都应该至少是这个数值。这台仪器的灵敏度足以观测到这种效应，但是，并没有观察到任何时间上的差异——地球通过以太的速度没能被探测到。实验的结果是零。

迈克尔孙-莫雷实验的结果令人极其费解和不安。寻求一个绝地逢生的方法的第一个富有成效的观念由洛伦兹提出。他指出，当物体运动时会收缩，收缩只是在运动的方向上发生。他还提出，如果一个物体静止时的长度是L_0，那么，当它以速度u平行于其长度方向运动时，新的长度由下式给出

58

$$L_{\parallel}=L_0\sqrt{1-u^2/c^2}. \quad (3.6)$$

我们把这个长度叫做$L_{\parallel}$（L平行）。当把这个修正用到迈克尔孙–莫雷干涉仪时，从B到C的距离不改变，但是，从B到E的距离缩短到$L\sqrt{1-u^2/c^2}$。因此，公式（3.5）不变，但是，公式（3.4）中的L就必须按照公式（3.6）而改变。当做了这些改变后，我们就得到

$$t_1+t_2=\frac{(2L/c)\sqrt{1-u^2/c^2}}{1-u^2/c^2}=\frac{2L/c}{\sqrt{1-u^2/c^2}}. \qquad (3.7)$$

把这个结果与公式（3.5）做比较，我们就看到$t_1+t_2=2t_3$。因此，如果仪器以刚才描述的方式收缩，我们就能够理解，为什么迈克尔孙–莫雷实验根本没有给出任何效应。虽然收缩假设成功地解释了实验的否定结果，但却遭到人们的非议，认为它只是专门为了把困难解释过去而发明出来的，而且太不自然了。然而，在寻找以太风的许多其他实验中，出现了类似的困难，直到最后才发现，这似乎是大自然阻挠人类的"阴谋"，它通过引入某些新的现象来破坏它认为有可能测出u的各种现象。

人们最终认识到，正如庞加莱指出的那样，*整个阴谋本身就是大自然的一条定律*！庞加莱接着提出，*存在*这样一条自然定律，即不可能通过任何实验找到以太风；也就是说，不可能确定绝对速度。

3-4 时间的变换

59

在检验收缩的观念是否与其他实验中的事实协调一致时，人们发现，只要按照方程组（3.3）的第四个公式把*时间*也修正一下，一切就

正确无误了。这是因为，从B传播到C并返回的时间t_3，在运动的宇宙飞船中进行实验的人算出的结果，与一个注视着宇宙飞船的静止观察者算出的并不相等。对于宇宙飞船上的人来说，这段时间就是$2L/c$，但是，对于另一个观察者来说，这段时间就是$(2L/c)/\sqrt{1-u^2/c^2}$［(3.5)式］。换句话说，当外部观测者看见宇宙飞船中的人点着一支烟时，所有的动作似乎都比正常情况慢，而对于飞船上的人，每件事情都以正常的速率变动。这样看来，不仅长度需要缩短，而且计时工具（“时钟”）显然也必须变慢。也就是说，在宇宙飞船上的人看来，当飞船上的时钟走过1秒时，对外面的人来说，它表示过了$1/\sqrt{1-u^2/c^2}$秒。

时钟在一个运动的坐标系中减慢是一种非常奇特的现象，因而需要做一番解释。为了理解这种现象，我们必须看一看时钟内部的机件，并且注意它运动时有什么事情发生。由于这件工作相当困难，我们将用一种非常简单的时钟。我们选择的是一种相当笨的时钟，但是原则上它是能够工作的：它是一把两端各有一面镜子的尺子（米尺），当我们在镜子之间发送一个光信号时，光波不间断地往返传播，每当光波向下传播时，它就滴答响一声，就像一个滴答作响的标准时钟那样。我们做两个这样的时钟，它们的长度完全相同，并且一起启动使它们同步；于是，由于它们的长度相同，而光波又总是以速度c传播，因此，从那时起它们就总是走得一模一样。我们把其中一个时钟让一个人带上他的宇宙飞船，他将尺子放置成垂直于飞船的运动方向；这样，尺子的长度就不会改变。我们怎样知道垂直方向的长度不变呢？双方的观察者可以约定，当他们擦肩而过时彼此在对方的y方向米尺上做上标记。由对称性可知，两个标记一定在相同的y坐标和y'坐标上，否则的话，当他们聚在一起比较结果的时候，一个标记就会比另一个高或者低，而我们就可以这样来区分谁真的在运动。

60

现在，让我们来看一看运动的时钟发生了什么事情。在宇航员把它带上飞船之前，他同意这是一只准确的、标准的时钟，而当他坐在飞船上往前飞时，他看不到任何特殊的事情。如果他看到了，他就会意识到他在运动——如果有什么事情由于运动而改头换面，他就会知道他在运动。但是，相对性原理认为，在一个匀速运动的坐标系中这是不可能的，因此，不会产生任何改变；另一方面，当外部观察者看着从旁边经过的时钟时，他就会看到在两块镜子之间来回传播的光"真的"走着一条之字形的路径，因为尺子始终做横向运动。我们已经在有关迈克尔孙–莫雷实验的问题中分析过这样一条之字形的运动了。如果在一个确定的时间内尺子向前运动了一段正比于u的距离，如图3–3所示，光在相同的时间内走过的距离正比于c，那么，垂直距离就会因此而正比于$\sqrt{1-u^2/c^2}$。

61

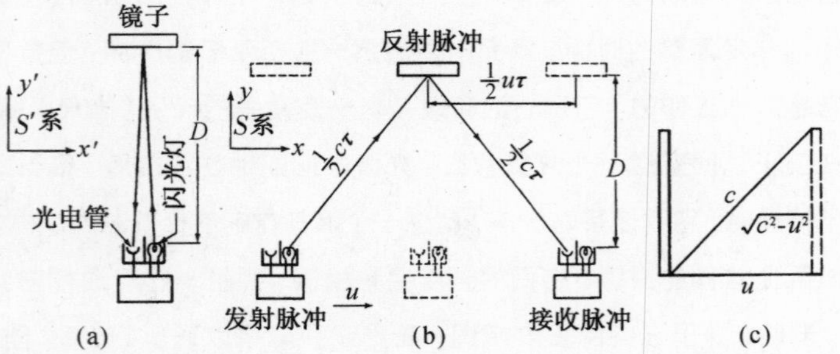

图3–3　（a）一个静止于S'系中的"光钟"；（b）相对于S系运动的同样的时钟；（c）在一个运动的"光钟"内的光束所走的斜向路径示意图

这就是说，光在运动的时钟内来回传播比在静止的时钟内花费更长的时间。因此，运动的时钟内滴答声之间的表观时间就较长，延长的比例与图中所示的直角三角形的斜边（这就是在我们的公式中那个开平方根式的来由）的比例相同。从图中也可以明显地看出，u越大，运动的时钟看起来就走得越慢。不仅这种特别的时钟走得更慢，而且，假如相对论是正确无误的，那么，任何其他的时钟，无论根据什么原理工作，看起来也会走得更慢，并且变慢的比例是一样的——我们无须做进一步的分析就能够这样说。为什么会这样呢？

为了回答上面的问题，设想我们另外有两个做得一模一样的时钟，它们或者用齿轮等部件，或者以放射性衰变为原理，或者用别的什么东西做成。接着，我们将这两个时钟校准，使它们与原先那种时钟严格同步。当光波在原先的两个时钟内来回传播并以一声滴答声显示它的到达时，两个新式的时钟也完成了某种循环，这种循环通过连续两次发生在同一地点的闪光、叮当声或者其他信号被同时显示出来。其中的一个这种时钟连同第一种时钟一起被带上宇宙飞船。也许这个时钟并不会走得慢一些，而是会继续与那个静止的同样的时钟保持同步，因而与另一个运动的时钟不一致。啊，不会这样的，假如真的发生这种事情，飞船中的人就可以利用他的两个时钟之间的这种不一致来确定他的飞船的速度，而我们一直都在假定，这是不可能的。*我们并不需要了解*导致新型时钟产生这种效应的*任何机理*——我们只是知道，不管什么原因，它看起来都将会像第一个时钟那样走得慢。

好，如果*所有的*运动时钟都走得比较慢，如果测量时间的任何方法都给出较慢的时间进程，那么，我们就只好说，从某种意义上说，在一艘宇宙飞船上，时间本身看来就比较慢。在那里的所有现象——人体的脉搏率，他的思维过程，他点燃一支烟的时间，他成长和衰老的进程——所有这些事情必定以同样的比例慢下来，原因就是他无法知道自己在运动。生物学家和医生有时候会说，在一艘宇宙飞船上，癌症扩散所需要的时间不一定会更长，但是，从一个现代物理学家的观点看，

62

这几乎是确凿无疑的；否则，人们就可以利用癌症扩散的速率来确定飞船的速度！

时间随着运动变慢的一个非常有趣的例子与μ介子（μ子）有关，这是一种平均寿命为2.2×10^{-6}秒的自发衰变粒子。它们随宇宙射线一起到达地球，也可以在实验室中由人工产生出来。其中有些粒子在半空中就衰变掉了，但是，剩余的只有在与物体碰撞而停下来之后才衰变。显然，即使μ子以光速运动，在其短暂的一生中走过的路程也不会超出600米。不过，虽然μ子是在约10千米高的大气层顶部产生的，但是，在大气层下面的实验室中，人们在宇宙射线中确实找到了它们。这怎么可能呢？答案是，各种μ子以不同的速率运动，其中有一些非常接近光速。虽然在它们自身看来它们只生存了大约2微秒，但是，在我们看来它们生存长得多的时间——长得足以令它们可以到达地面。时间增加的因子已知是$1/\sqrt{1-u^2/c^2}$。各种速度的μ子的平均寿命已经被相当精确地测量过了，所得到的结果与上述公式严格一致。

我们并不知道μ子为何会衰变，或者它的内部机理是什么，不过，我们确实知道，它的行为符合相对性原理。这就是相对性原理的效用——它允许我们甚至对那些我们在其他方面知之不多的事情做出预言。比如说，在我们对引起介子衰变的原因获得一些概念之前，还是能够预言，当它以 9/10 倍光速的速度运动时，它所能生存的表观时间长度是$(2.2\times10^{-6})/\sqrt{1-u^2/c^2}$秒；我们的预言是有用的——这是有关这个问题的一件好事。

3-5　洛伦兹收缩

63　现在，让我们回到洛伦兹变换的（3.3）式，并尝试更好地理解坐标系（x，y，z，t）与（x'，y'，z'，t'）之间的关系，我们将这两个坐标系分别叫做S系和S'系，或者叫做乔和莫的坐标系。我们已经看到，第一个方程是以沿x方向收缩的洛伦兹假设为基础的；我们如何能够证明发生这种收缩呢？我们现在认识到，在迈克尔孙–莫雷实验中，由于相对性原理，横向的光臂BC不会改变长度；但是实验的零结果要求两个时间必须相等。因此，为了使实验给出零结果，纵向的光臂BE看起来必须缩短一个因子$\sqrt{1-u^2/c^2}$。根据乔和莫所做的测量，这种收缩是什么意思呢？假如随同S'系沿x方向运动的莫正在用一把米尺测量某个点的x'坐标。他用米尺量了x'次，这样，他就认为距离是x'米。然而，在S系中的乔看来，莫正在使用一把被缩短了的尺子，因此，被测出的“真实”距离是$x'\sqrt{1-u^2/c^2}$米。于是，如果S'系离开S系运动了一段距离ut，那么，S系上的观察者就会说，在他的坐标系中测量时，同样那个点的距离是$x=x'\sqrt{1-u^2/c^2}+ut$，或者

$$x'=\frac{x-ut}{\sqrt{1-u^2/c^2}},$$

这就是洛伦兹变换的第一个方程。

3-6 同时性

与上述问题类似，由于时间标度的差异，在洛伦兹变换的第四个方程中也引入了这个分母的表达式。在这个方程式中，最有趣的一项是分子中的ux/c^2项，因为这是完全新的和未曾预料到的。那么，这一项有什么意义呢？如果我们细心留意一下这个情况，就会发现，由莫在S'中看，两个在不同地点同时发生的事件，由乔在S中看*并不*同时发生。如果一个事件在t_0时刻在x_1处发生，而另一个事件则在（相同的）t_0时刻在x_2处发生，那么，我们就会发现，两个对应的时刻t'_1和t'_2相差一个数值 64

$$t'_2-t'_1=\frac{u(x_1-x_2)/c^2}{\sqrt{1-u^2/c^2}}.$$

这种情况叫做“相隔一段距离的同时性的破坏”，为了把这个概念搞得更清楚一点，让我们考虑下面的实验。

设想一个在一艘宇宙飞船（S'系）中活动的人在飞船的两头各放置了一个时钟，并且有兴趣确定这两个时钟是否同步。怎样能够使两个时钟同步呢？有许多方法。一种几乎不需要多少计算的方法是，首先精确地定出两个时钟之间的中点。然后，从这个位置发送一个光信号，这个信号将以相同的速度向两个方向传播并且肯定会同时抵达两个时钟处。信号的这种同时抵达能够用来使时钟同步。让我们接着设想，在S'系中的人用这个特别的方法让他的时钟同步。让我们来看一看，在S系中的观察者是否会认为这两个时钟是同步的。在S'系中的人有理由相信它们是同步的，因为他不知道自己在运动。但是，在S系中的人却推论说，由于飞船向前运动，前面的时钟正在背离光信号，因此，光波为了要赶上它，必须走过大于一半的路程；然而，后面的时钟却迎着光信号向前传播，这段距离就比较短。因此，信号首先抵达后面的时钟，虽然在S'系中的人认为信号同时到达。我们由此看到，如果宇宙飞船中的人认为两个位置上的时间是同时的，那么，在他的坐标系中，两个相等的t'值必定对应于另一个坐标系中两个不同的t值！

3-7　四维矢量

65　让我们来看一看在洛伦兹变换中还能够发现些什么别的东西。在x项和t项之间的变换，形式上类似于我们在第一章中研究坐标系的旋转时考虑过的x项和y项的变换，注意到这一点是饶有趣味的。在那里我们有

$$\begin{aligned} x' &= x\cos\theta + y\sin\theta, \\ y' &= y\cos\theta - x\sin\theta. \end{aligned} \tag{3.8}$$

其中新的x'把原来的x和y组合了起来，而新的y'也把原来的x和y组合了起来；与此相似，在洛伦兹变换中，我们看到了由x和t组合起来的新的x'，以及由t和x组合起来的新的t'。这样，洛伦兹变换就类似于一种旋转，只不过它是在空间和时间中的“旋转”，这似乎是一个奇怪的观念。这种与旋转的类比可以通过计算以下的量来核实

$$x'^2 + y'^2 + z'^2 - c^2t'^2 = x^2 + y^2 + z^2 - c^2t^2. \tag{3.9}$$

在这个方程中，每一边的前三项在三维几何中表示一个点和原点之间的距离（一个球面）的平方，不管坐标系怎样旋转，它都保持不变（不变量）。同样，方程（3.9）表示，存在某种包括时间在内的组合，它在洛伦兹变换下并不改变。这样，与旋转的类比就完整了，而且，这种类比表明，矢量（也就是这样一些量，它们含有变换方式与坐标和时间的变换方式一样的“分量”）在相对论领域也是有用的。

因此，我们来尝试把矢量概念加以推广，使之包括时间分量，而到目前为止我们认为它只有空间分量。这就是说，我们认为应该存在有4个分量的矢量，其中3个与一个普通矢量的分量相似，而这些分量还将与第4个分量结合起来，这个分量是时间部分的类比。

66

这个概念将在后面几章中做进一步的分析，在那里我们会发现，如果将前一节的观点应用到动量上，那么，变换关系给出3个与普通动量分量一样的空间部分，以及一个第4分量，即时间部分，它就是*能量*。

3-8 相对论动力学

我们现在准备更一般地研究在洛伦兹变换下力学定律到底取什么形式。（迄今为止，我们已经解释过长度和时间如何变化，但是还没有讨论过怎样得到m的修正公式［公式（3.1）］。我们将在下一章中对此加以说明。）为了看一看爱因斯坦对牛顿力学中的m进行修正的重大意义，我们从力是动量的变化率这条牛顿定律开始，也就是

$$F = \mathrm{d}(m\boldsymbol{v}) / \mathrm{d}t.$$

动量还是用mv表示，但是，当我们使用新的m时，这个公式就变成

$$\boldsymbol{p} = m\boldsymbol{v} = \frac{m_0 \boldsymbol{v}}{\sqrt{1 - v^2 / c^2}}. \tag{3.10}$$

这就是牛顿定律的爱因斯坦修正。在这种修正下，如果作用力和反作用力仍然相等（这并不一定指在每个时刻都如此，而是指最终结果相等），那么，就会和以前一样存在动量守恒，但是，得以保持不变的量并不是原来使用不变质量的mv，而是如公式（3.10）所表示的量，这个量使用经过修正的质量。在动量的公式中做了这个改变之后，动量守恒仍然有效。

现在，让我们来看一看，动量如何随着速度而改变。在牛顿力学中，动量正比于速度，并且，根据（3.10）式，在一个速度小于c的相当广的范围内，由于平方根式与1相差无几，因此，在相对论力学中动量随速度的变化关系几乎是一样的。但是，当v几乎等于c时，平方根式接近零，动量因此而趋向无限大。

67

假如一个不变的力作用到一个物体上很长一段时间，会发生什么事情呢？在牛顿力学中，物体持续不断地加速，最终运动得比光还要快。但是，这在相对论力学中是不可能的。在相对论中，物体持续不断地增加动量，而速度却不会这样，动量能够不断地增加是因为质量在增加。经过一段时间后，从速度改变这层意义上看，实际上并不存在加速度，但是动量却继续增加。当然，只要一个力使某个物体的速度产生

很小的改变，我们就说这个物体具有很大的惯性，而这正好就是相对论质量公式所要表达的意思［参见公式（3.10）］——这个公式告诉我们，当v几乎与c一样大小时，惯性是非常大的。下面是这种效应的一个例子，在加州理工学院的同步加速器中，为了让高速电子偏转，我们需要非常强的磁场，它的强度比根据牛顿定律预期的要强2000倍。换句话说，同步加速器中的电子的质量是它们的正常质量的2000倍，就像一个质子的质量那么大！m应该是m_0的2000倍意味着$1-v^2/c^2$一定是1/4000000，这就意味着v^2/c^2与1相差1/4000000，或者v和c相差1/8000000，因此，电子的速度非常接近光速了。如果电子和光同时开始从这个同步加速器中产生并注入布里奇实验室［Bridge Lab，估计在700英尺（1英尺约为0.3048米）远处］，那么，谁会先到达呢？当然是光，因为光总是运动得更快。[1] 提前多少时间呢？那太难说了——我们还是改为用光所超前的距离表示吧：大约是1/1000英寸（1英寸约为0.0254米），或者说一张纸厚度的1/4！当电子运动得这么快时，它们的质量是巨大的，但是，它们的速度不能超过光速。 68

现在，让我们来考察一下，质量的相对论修正的一些进一步的结果。考虑一个小容器中气体分子的运动。当气体被加热时，分子的速度就增加，因此质量也增加，从而气体就更重。在速度很小的情况下，可以利用二项式定理将$m_0/\sqrt{1-v^2/c^2}=m_0(1-v^2/c^2)^{-1/2}$展开成幂级数，从而得到表示质量增加的近似公式。展开的结果是

---

1. 实际上，由于空气对光的折射率，电子会赢得这场与可见光的比赛。伽马射线则可能会胜出。

$$m_0(1-v^2/c^2)^{-1/2}=m_0\left(1+\frac{1}{2}v^2/c^2+\frac{3}{8}v^4/c^4+\cdots\right).$$

我们从这个公式中清楚地看到，当v很小的时候，级数迅速收敛，头两三项之后的各项可以忽略。于是可以写出

$$m\approx m_0+\frac{1}{2}m_0v^2\left(\frac{1}{c^2}\right). \tag{3.11}$$

公式右边的第二项表示分子由于具有速度而引起的质量增加。当温度增加时，v^2成正比增加，这样，我们就可以说，质量的增加正比于温度的增加。但是，由于在原来的牛顿意义下$m_0v^2/2$是动能，因此，我们也可以说，全部气体的质量的增加等于动能的增加被c^2除，或者写成$\Delta m=\Delta(K.E.)/c^2$。

3-9　质量和能量的等效性

上述的观察引导爱因斯坦提出这样一个建议，如果我们设想，一个物体的质量等于它的总能量被c^2除，那么，物体的质量就能够表示得比公式（3.1）更简单。如果用c^2乘公式（3.11），结果就是

$$mc^2=m_0c^2+\frac{1}{2}m_0v^2+\cdots. \tag{3.12}$$

在公式中，左边的项表示一个物体的总能量，右边最后一项就是普通的动能。爱因斯坦把那个很大的常数项m_0c^2解释成是该物体的总能量的一部分，它是一种叫做“静能”的固有能量。

69

让我们跟随爱因斯坦探究一下，物体的能量总是等于mc^2这个假设有些什么推论。作为一个有趣的结果，我们将导出质量随速度变化的公式（3.1），到目前为止，我们只是把这个公式当做假设来看待。我们从处于静止状态的物体开始，这时，它的能量是m_0c^2。接着，我们对这个物体施加一个力，这个力使物体开始运动并给予它动能；因此，由于能量增加了，质量也就增加了——这已经隐含在最初的假设中了。只要力继续作用，能量和质量两者就会不断地增加。我们已经看到（第13章[1]），能量对时间的变化率等于力乘以速度，也就是

$$\frac{\mathrm{d}E}{\mathrm{d}t}=\boldsymbol{F}\cdot\boldsymbol{v}. \tag{3.13}$$

我们还有（第9章[2]公式9.1）$F=\mathrm{d}(mv)/\mathrm{d}t$。当这些关系与能量的定义结合起来时，公式（3.13）就变成

$$\frac{\mathrm{d}(mc^2)}{\mathrm{d}t}=\boldsymbol{v}\cdot\frac{\mathrm{d}(m\boldsymbol{v})}{\mathrm{d}t}. \tag{3.14}$$

我们希望求解这个方程得到m。为了这样做，我们首先利用一个数学技

1. 参见原《物理学讲义》第一卷。

2. 参见原《物理学讲义》第一卷。

巧，在方程的两边乘$2m$，把方程变成

$$c^2(2m)\frac{\mathrm{d}m}{\mathrm{d}t}=2mv\frac{\mathrm{d}(mv)}{\mathrm{d}t}. \quad (3.15)$$

我们需要把导数除去，这可以通过对方程的两边做积分来实现。可以看到（$2m$）$\mathrm{d}m/\mathrm{d}t$这个量是m^2的时间导数，而（$2m\boldsymbol{v}$）$\cdot$ d（$m\boldsymbol{v}$）/dt则是（$m\boldsymbol{v}$）^{2}的时间导数。因此，方程（3.15）等同于

70

$$c^2\frac{\mathrm{d}(m^2)}{\mathrm{d}t}=\frac{\mathrm{d}(m^2v^2)}{\mathrm{d}t}. \quad (3.16)$$

如果两个量的导数相等，这两个量本身最多相差一个常数，比如说C。这使我们能够写下

$$m^2c^2=m^2v^2+C. \quad (3.17)$$

我们需要更明确地确定常数C。由于方程（3.17）必定对所有的速度都成立，因此我们可以选择v=0这个特别的情形，并且认为这种情况下的质量就是m_0。把这些量代入方程（3.17）中就得出

$$m_0{}^2c^2=0+C.$$

现在可以把这个C值代入方程（3.17）中，方程变成

$$m^2c^2 = m^2v^2 + m_0{}^2c^2. \tag{3.18}$$

用c^2除并重新整理各项就得出

$$m^2(1 - v^2/c^2) = m_0{}^2,$$

由这个结果我们得到

$$m = m_0/\sqrt{1 - v^2/c^2}. \tag{3.19}$$

这就是公式（3.1），正好就是为了使公式（3.12）中的质量与能量相一致所需要的。

通常，这些能量变化相当于质量上非常轻微的改变，原因就是，我们平时不可能从一定量的材料中产生许多能量；但是，以一个爆炸能量相当于2万吨级TNT的原子弹为例，可以证明，由于能量被释放出来，爆炸之后的残余物比反应材料的初始质量轻了1克，也就是说，根据关系式$\Delta E = \Delta mc^2$，被释放出来的能量具有1克的质量。利用物质湮没而完全转变成能量的实验，这个关于质量与能量的等效性的理论已经被完美地证实：一个电子和一个正电子在静止状态下被放在一起，每一个带有静质量m_0。当它们碰到一起时，就会蜕变成两束伽马射线，每一束射线具有精确的能量m_0c^2。这个实验提供了一个直接的方法，用来确定与一个粒子的静质量相联系的能量。

71

第四章

相对论性的能量和动量

4-1 相对论和哲学家

在这一章中，我们将继续讨论爱因斯坦和庞加莱的相对性原理，因为它影响着我们的物理观念和人类思想的方方面面。 73

庞加莱对相对性原理做过以下的表述："根据相对性原理，对一个不动的观察者和一个相对于他做匀速平移运动的观察者来说，描述物理现象的规律必定是相同的，所以，我们没有，也不可能有任何方法判断我们是否参与了这样一种运动。"

当这种观念骤然降临到这个世界上时，在哲学家中引起了巨大的骚动，特别是那些"鸡尾酒会哲学家"，他们会说，"噢，这非常简单，爱因斯坦的理论认为，一切都是相对的！"事实上，数目多得令人吃惊的哲学家们，不仅是那些在鸡尾酒会上出没的哲学家（不过，为了不令他们难堪，我们就把他们叫做"鸡尾酒会哲学家"吧），都会宣称，"一切都是相对的，这是爱因斯坦的结论，它对我们的思想观念有深刻的影响。"除此之外，他们还说"现象依赖于参考系，这在物理学上已经得到证明"。这样的说法我们听得太多了，但是，却很难弄清楚它到底 74 是什么意思。最初谈到的参考系也许就是我们在相对论的分析中用到的坐标系。这样，"事情依赖于人们的参考系"这个事实就被认为是对现代思想观念有过深刻的影响。人们可能很想知道这是为什么，因为事情依赖于某个人的观点这个想法毕竟是如此简单，因此，为了要发现它，肯定不需要物理学的相对论煞费苦心。某个人所看到的事情依赖于他的参考系，这个结论肯定是任何一个走在路上的人都知道的，因为，他首先从前面看见一个走近的行人，然后再看到他的背后；在据说是渊源于相对论的大多数哲学中，没有比"一个人从前面看和从背后看并不一样”这样一种说法更深刻的了。“盲人摸象”这个古老的故事也许是哲学家对相对论所持有的观点的另一个例子。

但是，在相对论中，必定存在比“一个人从前面看和从背后看并不一样”这样一种简单的说法更深刻的东西。相对论当然比这个要深刻得多，因为我们能够借助它做出明确的预言。如果仅仅从这样一个简单的观察事实就可以预知大自然的行为，那么，它肯定是相当不寻常的。

还有另外一派的哲学家，他们对相对论感到极度不安，相对论认为，如果不留意外面的某些东西，我们就不能够确定我们的绝对速度，而这些哲学家则认为，“一个人不留意外界的事物就不能确定他的速度，这是显而易见的。不借助外界而谈论一个物体的速度是毫无意义的，这也是不言而喻的；物理学家非常愚蠢，他们从前并不是这样想的，可是，他们现在总算弄明白了情况就是这样。只要我们哲学家认识到了物理学家所遇到的问题是什么，我们立刻就会用大脑判断出，不留意外界的事物，就不可能判断一个人运动得有多快，并且就会对物理学做出巨大的贡献了。”这些哲学家总是伴随在我们左右，他们极力想要告诉我们一些事情，但是，他们从来没有真正地理解过这些问题的奥妙所在。

75

我们在洞察绝对运动时的无能为力是实验带来的一个结果，而不是朴素想法的结果，这一点我们很容易做出说明。牛顿本来就认为，假如一个人以均匀的速度沿着一条直线运动，他就不能判断自己运动得有多快。事实上，牛顿首先表述了相对性原理，而在前面一章中提到的引语就是牛顿的表述。那么，在牛顿的时代，哲学家们为什么根本就没有提出这种“一切都是相对的”，或者诸如此类的说法来喧哗一番呢？

原因就是，直到麦克斯韦创立了电动力学理论之后，才有物理定律暗示，一个人可以不通过考察外界的事物就能测出自己的速度；实验上很快就发现这不可能做得到。

那么，一个人不留意外界就不能判断自己运动得有多快，这个结论是绝对的、明确的和在哲学上必然的吗？相对论的其中一个结果是一种哲学的发展，这种哲学认为，"你只能定义你能够度量的事物！因为，如果一个人没有看着他相对于什么去测量，就不能测出速度来，这是不言而喻的，因此，谈论绝对速度毫无意义就再清楚不过了。物理学家早就应该认识到，他们只能谈论他们能够测量的东西。"可是，整个问题在于：人们能否定义绝对速度，以及如果不考察外界，人们能否在实验中察觉自己是否在运动，这两个问题是一样的。换句话说，一件事物是否是可测量的，结论并不是仅仅通过思维而先验地得到的，而只能由实验做出决定。给定光的速度是186000英里/秒这样一个事实，人们就会发现，几乎没有任何哲学家会平静地宣称：如果光在一辆汽车内以186000英里/秒传播，而汽车又正以100000英里/秒行驶，那么，光也是以186000英里/秒越过地面上的观察者传播，这是不言而喻的。这对他们来讲是一个令人震惊的事实；恰恰就是这些宣称"这是显而易见的发现"的人，当你告诉他们一个特定的事实时，他们就会宣称这并不是显而易见的。

最后，甚至还有这样一种哲学，它认为，除非通过考察外界的事物，否则无法察觉任何运动。这在物理学上就完全不对了。是的，人们确实感觉不到在一条直线上的匀速运动，但是，假如整个房间在旋转着，我们肯定会知道的，因为每个人都会被抛向墙壁——会有各种各样的"离心"效应。比如说，利用一种叫做傅科摆的仪器，地球绕轴自

76

转这种运动无须观察星星就能被探测到。因此“一切都是相对的”这个断言并不正确；只有*均匀的速度*不考察外界才无法察觉。绕着一根固定轴的匀速的*转动*就*能够*被察觉到。如果把这个结论告诉一位哲学家，他就会因不能理解而感到心烦意乱，因为对他来说，人们不需要通过考察外界的事物就应该能够确定绕着一根轴的转动这件事似乎是不可能的。如果这位哲学家足够老练，那么，过了一段时间之后，他就有可能回过神来并且说道，“我明白了。我们确实没有绝对转动这种玩意儿；你知道吗，我们其实是在*相对于星星*旋转。因此，由星星施加在物体上的某种影响肯定会产生离心力。”

就我们目前所知，确实如此；目前我们还没有办法判断，假如周围没有星星和星云的话，是否还会存在离心力。我们没有能力去做这样一个实验，先移走所有的星云，然后再测量我们的旋转，因此，我们就是不知道。必须承认，这位哲学家可能是对的。因此，他回过神来，带着愉快的心情说道，“这个世界最终绝对需要变成这个样子：*绝对的*旋转毫无意义；它只是*相对*于星云而言的。”然后，我们就会对他说道，“*那么*，我的朋友，*相对于星云*的匀速直线运动不应该在一辆汽车内产生任何效应，这个结论是明显的还是不明显的呢？”既然运动不再是绝对的，而是*相对于星云*的运动，它就成了一个不可思议的问题，一个只能由实验来回答的问题。

那么，相对论对哲学的影响是什么呢？如果我们只是限制在这样一种意义上的影响，即相对性原理给物理学家带来了*哪些新的观念和启示*，那么，我们就可以讲一讲其中的一些影响。第一个发现主要是，即使那些长期以来一直保持有效并且已经被精确地检验过的观念都有可能是错误的。在经过了那么长久看似正确的年代之后，牛顿定律居然

77

是错误的，这确实是一项令人震惊的发现。我们当然清楚，并不是实验错了，而是因为这些实验只是在一个有限的速度范围内做出来的，这些速度是如此之小，以至于相对论的效应一直不明显。尽管如此，我们现在对物理定律已经有了一种谦逊得多的观点——任何一件事物都可能是错的！

其次，如果我们有一套"奇特的"观念，比如说，当一个人运动时，时间流逝得较慢，如此等等，那么，我们是*喜欢*它们还是*不喜欢*它们，这是一个无关紧要的问题。惟一重要的问题是，这些观念是否与实验上的发现相符合。换句话说，这些"奇特的观念"只需要与*实验*相符合就行了，而我们不得不去讨论时钟的行为等问题的惟一的理由，就是要证明，虽然时间延缓的观念很奇特，但它却与我们测量时间的方式*相协调*。

最后，还有第三种启示，这种启示稍微多一点专业方面的成分，但最终却在我们研究其他物理定律时得到广泛的应用，这种启示就是，要*考察物理定律的对称性*，或者更明确地说，要找寻使物理定律经过变换之后仍然保持形式不变的方法。我们在讨论矢量理论时就注意到，当我们旋转坐标系时，基本运动定律并不改变，而现在我们又认识到，当我们以一种由洛伦兹变换提供的特别的方式改变空间和时间变量时，基本运动定律也不改变。于是，这个观念，即研究那些使基本定律保持不变的形式或者作用方式，已经被证明是一种非常有用的观念。

4-2　双生子悖论

为了继续有关洛伦兹变换和相对论效应的讨论，我们考虑一个著名的问题，叫做彼得和保尔的“悖论”，设想这两个人是同时出生的双胞胎。当他们长大到能够驾驶宇宙飞船的年龄时，保尔以非常高的速度驾驶飞船飞向远方。由于留在地面上的彼得看到保尔飞得这样快，因此，在他看来，保尔的所有的钟似乎都走得更慢，他的心跳变慢了，他的思维过程变慢了，所有的事情都变慢了。当然，保尔并没有注意到任何不正常的事情，不过，如果他四处漫游了一段时间之后回到地面，他就会比留在地面上的彼得年轻！实际上这是对的；它是相对论的其中一个推论，而相对论是已经被清楚地证明了的。正如μ子在运动时生存更长的时间一样，保尔在运动时也将活得更久。只有那些认为相对性原理就意味着*所有的运动*都是相对运动的人才把这个推论叫做“悖论”；他们说道，“嗨，嗨，嗨，从保尔的观点看，难道我们不可以认为*彼得*在运动，因此他看起来应该衰老得更慢吗？由对称性可知，惟一可能的结论是，当两人相会时，大家的年龄应该一样。”但是，为了让他们重逢并进行比较，保尔要么必须在旅途的终点停下来并且进行对钟，要么更简单一点，他必须回来，而回来的那个人必定是在运动的人，他知道这一点，因为他必须掉过头来。当他掉过头来时，各种不寻常的事情都在他的宇宙飞船中发生了——火箭发射出去了，各种东西都被挤到舱壁上，如此等等——而彼得则一点也没有感觉到。

因此，这条规则应该这样说，*感觉到加速度的那个人*，看到了各种东西被挤到舱壁上等现象的那个人，如此等等，将是年轻一些的那个人；这就是他们两人在“绝对的”意义上的差别，而这肯定是正确的。当我们讨论运动的μ介子生存的时间更长这个事实时，我们利用它们在大气中的直线运动做例子。但是，我们也可以在实验室中制备μ介子，并且用一个磁场使它们沿着一条曲线运动，即使在这种加速运动中，它们的寿命的延长与在直线运动的情况下完全相等。虽然还没有任何人明确地安排过一个实验，使我们能够摆脱这个悖论，但是，人们可以把一个静止不动的μ介子与一个绕过整个圆周运动的μ介子做个比较，这样就肯定会发现，绕过一个圆周的那个粒子生存得更久。虽然我们实际上并没有用过一个完整的圆周进行实验，不过，其实并不需要这样做，这当然是因为，每一样事情都吻合得相当令人满意。对于那些坚持认为每一个单个的事例都要直接得到证实的人，这个例子也许不会令他们满意，不过，我们有充分把握来预言保尔做完整的一周运动这个实验的结果。

79

4-3 速度的变换

爱因斯坦的相对性和牛顿的相对性之间的主要差别是，把相对运动着的坐标系之间的坐标和时间联系在一起的变换规律不一样。正确的变化定律，即洛伦兹变换是

$$\begin{aligned}
x' &= \frac{x-ut}{\sqrt{1-u^2/c^2}},\\
y' &= y,\\
z' &= z,\\
t' &= \frac{t-ux/c^2}{\sqrt{1-u^2/c^2}}.
\end{aligned}\tag{4.1}$$

这些方程对应于这样一种较为简单的情形，即两个观察者的相对运动是沿着他们的公共的x轴进行的。别的运动方向当然也是可能的，但是，最普遍的洛伦兹变换是相当复杂的，其中全部4个变量都混合在一起。我们将继续使用这种比较简单的形式，因为它包含了相对论的所有基本性质。

下面我们来讨论这个变换的更多的推论。首先，反解出这些方程是有意思的。更确切地说，这是一组线性方程组，4个方程有4个未知数，它们可以被反解出来，用x'，y'，z'，t'来表示x，y，z，t。结果非常有趣，因为它告诉我们，从一个“运动着”的坐标系上看，一个“处于静止”的坐标系是怎样的。当然，由于运动是相对的和匀速的，因此，“在运动”的那个人，如果他愿意的话，也可以认为，在运动的实际上是另一个人，而处于静止的是他自己。又由于这另一个人朝相反的方向运动，因此，他就应该得到相同的变换，但是速度的正负号要反过来。这正好就是我们通过数学推导得出的结果，因此，两者是一致的。如果得出的结果不是这样的话，那么，我们倒真的有理由要担忧了！

80

$$
\begin{aligned}
x &= \frac{x' + ut'}{\sqrt{1 - u^2/c^2}}, \\
y &= y', \\
z &= z', \\
t &= \frac{t' + ux'/c^2}{\sqrt{1 - u^2/c^2}}.
\end{aligned}
\tag{4.2}
$$

接下来我们讨论相对论中速度的合成这样一个有趣的问题。我们想到原先的一个难解之谜，光在所有参考系中都以186000英里/秒传播，即使这些参考系在做相对运动也是如此。以下要讲到的例子说明，这是更普遍的问题中的一个特殊的情形。设想在一艘宇宙飞船中有一个物体正以100000英里/秒的速度运动，而宇宙飞船本身则正以100000英里/秒飞行；在一个外部的观察者看来，宇宙飞船中的这个物体运动得有多快呢？我们也许应该说200000英里/秒，这比光速还快。这非常令人沮丧，因为不能想象物体会跑得比光还快！下面来讲普遍的问题。

我们假设，对飞船里的人来说，飞船内的物体正以速度v运动，而宇宙飞船本身相对于地面具有速度u。我们想知道，在地面上的人看来，这个物体以多大的速度v_x运动。这当然也还是一个运动沿着x方向进行的特殊情形。还有一个沿y方向的或者沿任意方向的速度的变换；这些都可以在需要时推导出来。在宇宙飞船内，速度是$v_{x'}$，这表示位移x'等于速度乘时间：

$$x' = v_{x'}t'. \tag{4.3}$$

我们现在只需要算出，在外部观察者看来，一个x'和t'之间满足关系式（4.3）的物体的位置和时间。这样，只要简单地把式（4.3）代入式（4.2）中就得到

81

$$x = \frac{u_{x'}t' + ut'}{\sqrt{1-u^2/c^2}} \tag{4.4}$$

可是我们随即看到，x是用t'表示出来的。为了得出飞船外的人所看到的速度，我们必须用他的时间而不是用另一个人的时间去除他的距离！因此，我们还必须算出从飞船外所看到的时间，这个时间是

$$t=\frac{t'+u(v_{x'}t')/c^2}{\sqrt{1-u^2/c^2}}.\qquad(4.5)$$

我们现在必须求出x与t之比，结果是

$$v_x=\frac{x}{t}=\frac{u+v_{x'}}{1+uv_{x'}/c^2},\qquad(4.6)$$

已经把平方根消掉了。这就是我们寻找的规律：合成后的速度，即两个速度之“和”，并非正好是两个速度的代数和（我们知道不能这样，否则，我们就有麻烦了），而是被$1+uv/c^2$“修正”了。

下面让我们来看一看到底是怎么回事。假如你在宇宙飞船中正以一半光速的速度运动，而宇宙飞船本身也是以该速度飞行。这样，u和v都是$c/2$，而在分母中uv却是1/4，因此

$$v=\frac{\frac{1}{2}c+\frac{1}{2}c}{1+\frac{1}{4}}=\frac{4}{5}c.$$

这样看来，在相对论中，“一半”加上“一半”并不等于“1”，结果只等于“4/5”。当然，低速就可以用熟悉的方法相当容易地加起来，因为只要速度与光速相比是小的，我们就可以不考虑（$1+uv/c^2$）这个因子；但是，在高速下，事情就完全不同了，而且也相当引人入胜。

我们来考虑一种极限情形。纯粹为了好玩，假设宇航员正在宇宙飞船中观察*光波本身*。换句话说，$v=c$，而宇宙飞船还是在运动。在地

面上的人看来会是怎样的呢？答案将会是 82

$$v=\frac{u+c}{1+uc/c^2}=c\frac{u+c}{u+c}=c.$$

因此，如果在飞船内有什么东西正以光速运动，那么，在地面上的人看来它还是以光速运动！这很好，因为它事实上就是爱因斯坦提出相对论的本来目的——由此可见，这个理论具有较好的成效！

当然，存在这样的情形，运动并不沿着匀速平移的方向。比如说，在飞船内可能会有一个物体正好相对于飞船以速度$v_{y'}$“向上”运动，而飞船则“水平地”飞行。下面，我们就来做同样的推导，只是要用y方向的量而不是x方向的量，所得的结果是

$$y=y'=v_{y'}t'$$

所以，如果$v_{x'}=0$，就有

$$v_y=\frac{y}{t}=v_{y'}\sqrt{1-u^2/c^2}. \tag{4.7}$$

因此，横向速度不再是$v_{y'}$，而是$v_{y'}\sqrt{1-u^2/c^2}$了。我们通过将变换方程组做替换和组合而得出了这个结果，但是，由于以下的原因（再去探究一下我们是否能够明白这个原因总是好的），我们也能够直接从相对性原理看出这个结果。我们已经讨论过（图3-3）一个合理的时钟

在运动时怎样工作；在静止的坐标系中看，光以速度c倾斜一个角度传播，而在运动的坐标系中看，光以同样的速度只是沿垂直方向运动。当时我们发现，在静止的坐标系中，速度的垂直分量比光速小一个因子$\sqrt{1-u^2/c^2}$ [参见方程(3.3)]。不过，现在我们假设，让一个实物粒子在这同一个“时钟”内往返运动，只是其速度是光速的某个整分数$1/n$（图4–1）。于是，当粒子走完了一个来回时，光正好走完n个来回。这就是说，“粒子”钟的每一次“滴答”声将与光钟的第n次“滴答”声重合。这个事实在整个系统运动时必定还是正确的，因为重合这个物理现象在任何参考系中都将是一个重合的现象。因此，由于速度c_y小于光速，粒子的速度v_y就必定比对应的速度小同一个平方根因子！这就是平方根之所以会出现在所有垂直速度中的原因。

83

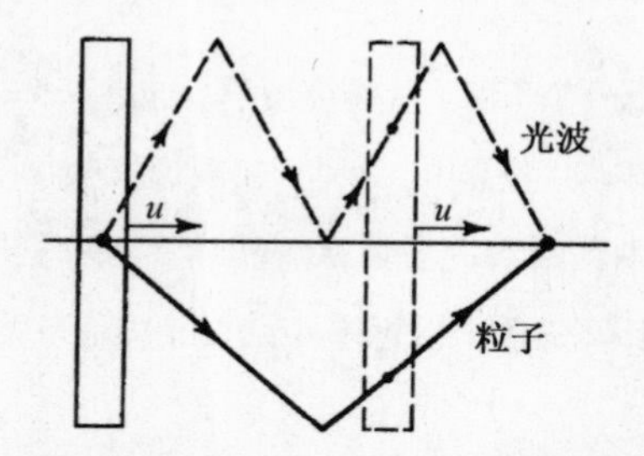

图4–1 在一个运动时钟内，一根光线和一个粒子描出的轨迹

4-4 相对论性质量

我们在上一章中认识到，物体的质量随着速度的增加而增加，但是，我们并没有像论证时钟的行为那样对此做过论证，从这个意义上说，我们并没有给出上述结论的任何说明。然而，我们能够证明，作为

相对性原理和其他几个合理的假定的结果，质量必定按照这样的方式改变。(假如我们希望做有意义的推论，就不得不说“其他几个假定”这句话，因为，除非我们拥有某些假定为正确的定律，否则我们不可能证明任何结论。)为了避免研究力的变换定律，我们将分析一个碰撞问题，在这个问题中，除了假定动量和能量守恒之外，我们不需要知道关于力的任何定律。我们还要假定，运动粒子的动量是一个矢量，并且总是指向速度的方向。不过，我们将不再像牛顿那样，假定动量是一个常数乘以速度，而只是假定它是速度的某个函数。因此，我们把动量矢量写成某个系数乘以速度矢量：

84

$$\boldsymbol{p}=m_v\boldsymbol{v}. \tag{4.8}$$

我们在系数中写上一个下标v以提醒自己，这是一个速度的函数，并一致把这个系数m_v叫做“质量”。当然，如果速度很小，它与那个通常在慢速运动的实验中测量到的质量是一样的。下面，我们将尝试从相对性原理，即物理定律在各个坐标系中必定相同，来论证m_v的表达式必定是$m_0/\sqrt{1-v^2/c^2}$ 。

假定有两个粒子，比如两个质子什么的，它们完全相同，并且以完全相等的速度彼此朝向对方运动。他们的总动量等于零。那么会发生什么事情呢？碰撞之后，它们的运动方向必定正好彼此相反，因为如果它们不是正好相反的话，就会存在一个非零的总动量矢量，而动量就不再守恒。它们还必定具有相等的速率，因为它们是完全一样的实体；事实上，它们必定具有与开始运动时同样的速率，因为我们假定在这些碰撞中能量是守恒的。所以，一个弹性碰撞，即可逆的碰撞，其示意图就会如图4–2（a）所示那样：所有的矢量长度相同，所有的速率相等。我们将假定，这样的碰撞总是能够安排下来的，任何角度θ都有可能发生，并且，在这样一种碰撞中，任何速率都可以用到。接下来我们注意到，同样这个碰撞可以通过坐标系的转动从不同的角度去观察，而正是为了方便起见，我们将把坐标系转到这样一个方位，使它的横轴将两个运动平均分开，如图4–2（b）所示。这是重新画出来的同一个碰撞的示意图，只不过把坐标轴转了个方向而已。

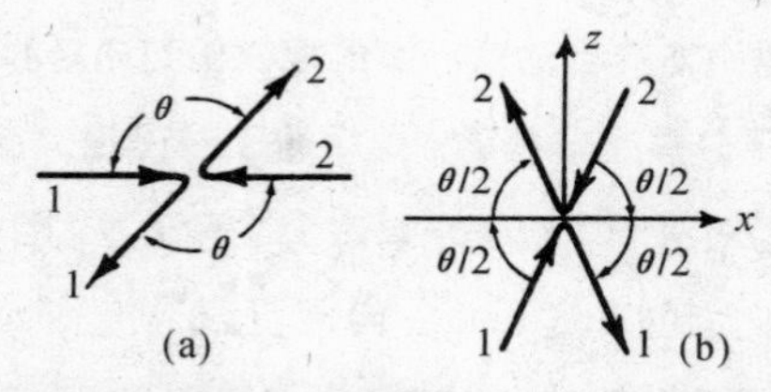

图4–2　两个相同的物体之间弹性碰撞的两种视图，这两个物体正以相同的速率朝相反的方向运动

真正的技巧在于：让我们从某个观测者的角度来看看这个碰撞，这个观测者乘坐在一辆往前行驶的汽车中，这辆汽车的速度等于某个粒子的速度的水平分量。结果，这个碰撞看起来怎样呢？它看起来就好像第一个粒子正好笔直地向上运动，因为它的速度已经没有水平分量了，接着它又笔直地向下运动，也是因为它的速度没有水平分量。这就是说，这个碰撞看起来就如图4–3（a）所示那样。然而，第二个粒子却正以另一种方式运动，当我们乘车而过时，它看起来就好像以某个惊人的速度成一个较小的角度飞逝而过，但是，我们能够意识到，碰撞前和碰撞后的角度是*相等的*。让我们用u标记第二个粒子的速度的水平分量，用w标记第一个粒子的垂直速度。

85

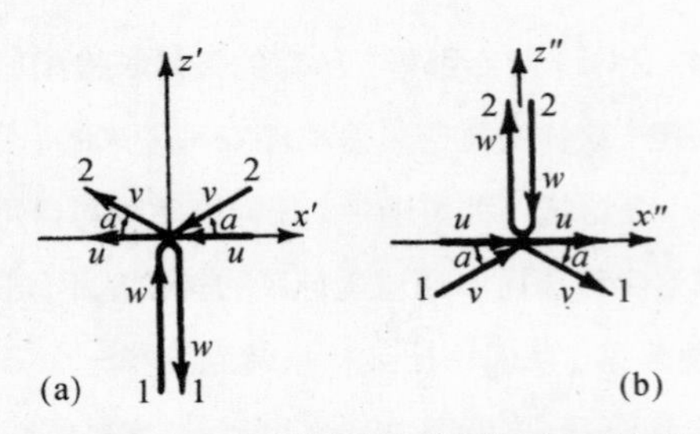

图4-3　从运动的汽车上去看碰撞的另外两种视图

下面的问题是，垂直速度$u\tan\alpha$等于什么？如果我们知道这个量的话，就可以利用垂直方向上动量守恒的规律得到动量的正确的表达式。显然，动量的水平分量是守恒的：两个粒子在碰撞之前和碰撞之后的动量是相等的，而对第一个粒子来说这个量等于零。因此，我们只需要将守恒定律用到向上的速度$u\tan\alpha$。但是，我们可以通过用另一种方式观察这同一个碰撞来得到向上的速度！如果我们从一辆（相对于第一个粒子）以速率u向左运动的汽车上观察图4-3（a）所示的碰撞，那么，我们看到同一个碰撞，只是如图4-3（b）所示的那样“颠倒”了。现在，第二个粒子是那个以速率w上下运动的粒子，而第一个粒子有了水平的速率u。当然，我们现在知道速度$u\tan\alpha$等于什么了，它就是：$w\sqrt{1-u^2/c^2}$［参见公式（4.7）］。我们知道，做垂直运动的粒子的垂直动量的改变是

$$\Delta p=2m_w w$$

（因子2是因它上下运动引起的）。那个斜向运动的粒子具有某个速度v，我们已经知道它的分量是u和$w\sqrt{1-u^2/c^2}$，而它的质量则是m_v。因此，这个粒子的垂直动量的改变就是$\Delta p'=2m_v w\sqrt{1-u^2/c^2}$，因为，根

86

据我们假定的规则（4.8），动量的分量总是等于与速度的数值相对应的质量乘速度在所考虑的那个方向的分量。这样，为了使总动量等于零，垂直方向的动量必定相抵消，于是，以速率w运动的质量和以速率v运动的质量之比必定等于

$$\frac{m_w}{m_v}=\sqrt{1-u^2/c^2}. \tag{4.9}$$

我们来考虑w是无穷小的极限情形。如果w的确非常小，那么显然v和u实际上是相等的。在这种情况下，$m_w \to m_0$，还有$m_v \to m_u$。于是得到一个重要的结果

$$m_u=\frac{m_0}{\sqrt{1-u^2/c^2}}. \tag{4.10}$$

下面做一个有趣的练习，假定公式（4.10）是质量的正确表达式，检查一下公式（4.9）在任意的w值时是否确实成立。注意在公式（4.9）中要用到的速度v可以通过直角三角形来计算：

$$v^2=u^2+w^2(1-u^2/c^2).$$

87 虽然我们刚才只是在小w的极限时使用这个公式，但我们将发现它是不言自明的。

那么，让我们接受动量守恒和质量按照（4.10）式依赖于速度这两个结论，并继续考察我们还能得到别的什么结论。我们来考虑一种

通常叫做非弹性碰撞的现象。为了简单起见，假定有两个以相等速率w朝相反方向运动的同类物体，它们如图4–4（a）所示那样相互碰撞后黏在一起，变成某个新的静止的物体。每一个物体相应于w的质量m，正如我们所知，等于$m_0/\sqrt{1-w^2/c^2}$。如果假定动量守恒和相对性原理成立，那么，就能够说明一个有趣的、与这个新形成的物体的质量有关的事实。设想一个与w成直角的无穷小的速度u（我们可以用有限的u值做同样的处理，不过，用一个无穷小的速度更容易理解），然后，在一部速度等于$-u$的电梯上考察这同一个碰撞。我们所看到的现象如图4–4（b）所示。复合物体具有一个未知的质量M。现在，第一个物体以一个向上的速度分量u和一个实际上等于w的水平速度分量运动，第二个物体也一样运动。碰撞之后，就得到以速度u向上运动的质量M，假定这个速度u与光速相比是非常小的，与w相比也是很小的。动量必须守恒，因此，我们来估计一下碰撞之前和碰撞之后沿着向上方向的动量。在碰撞之前，我们有$p\approx 2m_wu$，而在碰撞之后，动量显然是$p'=M_uu$，不过，因为u是如此之小，所以M_u基本上与M_0一样。由于动量守恒，所以，这些动量必定相等，因此便有

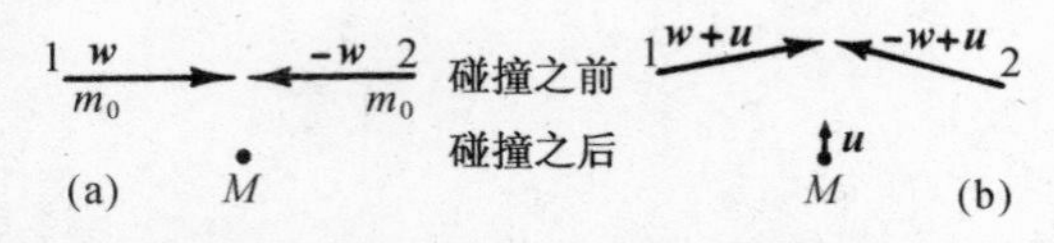

图4–4　质量相同的物体之间的非弹性碰撞的两种视图

$$M_0=2m_w. \tag{4.11}$$

由两个相同的物体碰撞而形成的物体，其质量必定是相互碰在一起的物体的质量的两倍。大家也许会说，“是的，当然是这样的，这就是质

88

量守恒嘛。”可是，这并不是那么容易就“当然是这样的”，因为，与它们静止不动时应该具有的质量相比，这些质量已经增大了，尽管如此，它们仍然有贡献，但是，对总的M来说，它们所贡献的并不是处于静止时具有的质量，而是更多。这看起来也许非常令人惊讶，为了使两个物体相互碰撞时动量守恒有效，即使这两个物体在碰撞后停了下来，它们结合后的质量也必定大于这两个物体的静质量！

4-5 相对论性能量

在上一章中我们证明了，作为质量依赖于速度和牛顿定律两者的结果，由力对一个物体做的总功导致的动能的改变总是

$$\Delta T=(m_u-m_0)c^2=\frac{m_0c^2}{\sqrt{1-u^2/c^2}}-m_0c^2. \tag{4.12}$$

我们甚至更深入了一步，推测总能量是总质量乘c^2。下面我们继续这个讨论。

假定从M的内部仍然可以“看见”那两个相互碰撞的等质量物体。比如说，一个质子和一个中子被“黏在一起”，但仍然在M的内部游动。于是，虽然我们开始时可能认为质量M等于$2m_0$，但是，我们已经知道了它并不是$2m_0$，而是$2m_w$。由于$2m_w$是加进去的质量，而$2m_0$则是里边的东西的静质量，因此，复合物体的多余的质量就等于被带进去的动能。这当然就意味着能量具有惯性。在上一章中，我们讨论过一罐气体

的加热，并说明了由于气体分子在运动，而运动的东西更重，当我们将能量输入气体中时，它的分子就运动得更快，因此气体就会变得更重。不过，事实上这种论证完全是一般性的，而我们关于非弹性碰撞的讨论表明，无论是不是*动能*，这些质量都是存在的。换句话说，如果两个粒子碰在一起并产生势能或者任何其他形式的能量；如果这两部分由于攀越势垒、克服内力做功等原因而慢下来；那么，质量等于加进去的总能量这个说法仍然是正确的。这样，我们就看到，我们在前面已经导出的质量守恒就等价于能量守恒，因此，严格地说，在相对论中并不存在牛顿力学中的那种非弹性碰撞。根据牛顿力学，两个物体碰撞后形成一个质量为$2m_0$的物体是毫无疑问的，它与把这两个东西慢慢地放在一起所形成的物体无任何区别。当然，我们从能量守恒定律中知道，新形成的物体的内部有更多的动能，但是，根据牛顿定律，这并不影响质量。不过，我们现在看到，这是不可能的；由于碰撞中包含了动能，结果，所产生的物体将*更重*；因此，它将是一个不同的物体。当我们慢慢地将两个物体放在一起时，它们形成一个质量等于$2m_0$的东西；当我们使劲将它们推到一起时，它们形成一个质量更重的东西。如果质量不同，我们就能*断定*那是不一样的东西。因此，在相对论中，能量守恒必然伴随着动量守恒。

上述情况有一些有趣的推论。举例来说，假定我们有一个物体，已经测出其质量等于M，设想发生了一件什么事情，使这个物体突然分解成两块以速度w运动的大小相同的碎片，这样，每一块碎片就具有质量m_w。现在设想，这些碎片遇到了足够多的物质，使得它们减慢直到停下来；这时，它们将具有质量m_0。当它们停下来的时候，它们将会给这些物质多少能量呢？根据我们在前面已经证明了的法则，每一块碎片都将提供$(m_w-m_0)c^2$这么多能量。这么多的能量以某种形式如热、势能

或者别的什么形式留在这些物质中。在上述情况下，$2m_w=M$，于是，被
90
释放出来的能量就是$E=(M-2m_0)c^2$。举例来说，这个公式曾经被用来估计在原子弹的裂变中有多少能量被释放出来（虽然许多碎片并不正好相等，但它们是几乎相等的）。铀原子的质量是已知的——事先已经被测定过——它裂变产生的原子碘和氙等质量都是已知的。这里说到的质量，并不是指当原子在运动时的质量，而是指当它们处于静止时的质量。换句话说，M和m_0都是已知的。将这两个数相减，就可以计算出，如果M能够被分成“两半”的话，将有多少能量被释放出来。由于这个原因，可怜的爱因斯坦老头儿就一度被所有的报纸叫做原子弹之“父”。当然，所有这些只是意味着，如果我们告诉他将要发生什么过程，那么，他就可以事先告诉我们有多少能量会被释放出来。一个铀原子发生裂变时将要释放出来的能量，在第一次直接试验之前大约6个月就被估计出来了，而在能量实际上被释放出来的当下，就有人直接做了测量（假如爱因斯坦的公式不起作用，那么，他们无论如何也要测量能量），一旦他们把能量测量出来，就不再需要这个公式了。当然，我们不应该贬低爱因斯坦，而是应该批评报纸以及许多通俗文章对于在物理学和应用科学的发展中到底是哪一个促成哪一个这个问题的描写。至于怎样使事情以有效的和迅速的方式出现，这就完全是另一回事了。

上面的结果在化学上同样有效。举例来说，如果我们称一下二氧化碳分子的重量，并把它的质量与碳和氧的分子的质量做比较，就能计算出，当碳和氧化合形成二氧化碳时，有多少能量会被释放出来。这里惟一的麻烦是，质量的差异是如此之小，以至于在技术上非常难以做到。

现在，让我们转到这样一个问题，我们是否应该把m_0c^2加到动能中，并从现在开始认为，一个物体的总能量是mc^2。首先，如果我们仍然能够在M内观察静质量为m_0的组成部分，那么，我们就可以说，在复合物体的质量M中，一部分是它的各个组成单元的力学意义下的静质量，一部分是各个组成单元的动能，还有一部分是各个组成单元的势能。不过，我们已经发现，对大自然中经历上述类似反应的各种粒子，尽管世界各国做了大量的研究，*还是未能看到其内部的组成单元*。比如说，当1个K介子衰变成2个π介子时，就是根据公式（4.11）给出的规律进行的，但是，1个K介子由2个π介子组成这样的想法是一个毫无价值的想法，因为它也衰变成3个π介子！

因此，我们有一种*新的观念*：我们不需要知道物体的内部由什么构成；我们不能够也不需要区分，在一个粒子的内部，到底哪一部分能量是它的衰变产物的静能。将一个物体总的mc^2能量分开成内部结构的静能，这些结构的动能以及它们的势能是不方便的，而且常常是不可能的；取而代之的是，我们只是谈论粒子的*总能量*。我们通过向每一件东西加入一个常数m_0c^2来"改变能量的零点"，并认为，一个粒子的总能量等于动质量乘c^2，而当物体静止时，能量就是静质量乘c^2。

最后，我们发现速度v、动量P和总能量E以一种很简单的方式联系起来。相当令人惊讶的是，以速度v运动的质量等于静质量m_0被$\sqrt{1-v^2/c^2}$除这个公式很少被用到。取而代之的是，下面的两个关系很容易证明：

$$E^2-P^2c^2=m_0^2c^4 \tag{4.13}$$

以及

$$Pc = Ev / c. \tag{4.14}$$

而且最终发现它们原来非常有用。

第五章

空间和时间

5-1 时空几何学

相对论向我们表明，在一个坐标系中测量到的位置和时间，以及在另一个坐标系中所测量到的，两者之间不再是我们的直觉观念所预期的那种关系。透彻地理解洛伦兹变换中隐含着的空间和时间的关系是非常重要的，因此，我们在本章中将更深入地考察这个问题。 93

一位“静止不动的”观察者所测量到的坐标和时间（x, y, z, t），以及在以速度u飞行的“运动着的”宇宙飞船内测量到的相应的坐标和时间（x', y', z', t'），两者之间的洛伦兹变换是

$$\begin{aligned} x' &= \frac{x-ut}{\sqrt{1-u^2/c^2}}, \\ y' &= y, \\ z' &= z, \\ t' &= \frac{t-ux/c^2}{\sqrt{1-u^2/c^2}}. \end{aligned} \tag{5.1}$$

我们把这组方程与方程组（1.5）做个比较，方程组（1.5）也把两个坐标系的测量结果联系起来，在那里，其中一个坐标系相对于另一个坐标系做转动：

$$\begin{aligned} x' &= x\cos\theta + y\sin\theta, \\ y' &= y\cos\theta - x\sin\theta, \\ z' &= z. \end{aligned} \tag{5.2}$$

94

在这个特别的情形中，莫和乔进行测量所使用的坐标系在x'轴和x轴之间有一个夹角θ。在每一种情况下，我们都注意到“带撇的”量是

“不带撇的”量的“组合”：新的x'是x和y的组合，而新的y'也是x和y的组合。

做一个类比是有帮助的：当我们观察一个物体时，有一个显而易见的性质，可以称之为“视宽度”，还有一个性质，可以称之为“深度”。但是，宽度和深度这两个概念并不是物体的基本性质，因为，如果我们走到一旁，从一个不同的角度观察同一个物体，就会得到不同的宽度和不同的深度，而且，我们可以导出一些公式，用来从原来的量和所涉及的角度计算新的量。方程组（5.2）就是这样一个公式。人们可能会认为，一个给定的深度是所有深度和所有宽度的一种“组合”。假如物体是永远不能动的，而且我们总是从同一个位置观察一个给定的物体，那么，这整件事情就完全不一样了——我们将总是看到“真实的”宽度和“真实的”深度，而且，它们看起来似乎具有完全不同的性质，因为一个量表现为对着视角方向的弦，而另一个量则涉及眼睛的聚焦甚至直觉；它们似乎是完全不同的量，并且永远不会被混起来。正是由于我们能够四处活动，因此才会认识到，从某种意义上说，深度和宽度只不过是同一事物的两个不同的方面。

难道我们不能以同样的方式看待洛伦兹变换吗？在这里也存在某种组合——位置和时间的组合。空间度量和时间度量之间的差异产生出一个新的空间度量。换句话说，某个观测者的空间度量，在另一个观测者看来，搀进了一些时间。上述的类比使我们产生这样的想法：由于某种原因，我们正在考察的物体的“真实性”（粗略地、直观地说）并不仅仅是它的“宽度”和“深度”，原因就是，这些属性到底怎样，取决于我们如何去观察它；当我们移到一个新的位置时，我们的头脑就会立刻重新计算它的宽度和深度。但是，当我们高速度运动时，我们的头

95

脑并不会立刻重新计算坐标和时间，因为我们还没有任何以接近光速运动的实际经验去理解时间和空间也具有相同的本性这个事实。这就好比我们总是站在这样一个位置上，只能看到某个物体的宽度，不能以这样或那样的方式略微动一动脑袋；我们现在明白了，如果我们能够这样做的话，我们就应该看到另一个观察者的一些时间了——比如说我们会看到"推迟"一点的时间。

因此，我们将尝试在一种新的空间和时间混合在一起的世界中思考客观事物，这就好比物体在我们这个普通的空间世界中是真实的，而且能够从不同的方向去观察它一样。我们将认为，占有空间并持续一段时间的客观事物在新的世界中占有一个"小块"，而当我们以不同的速度运动时，就是从不同的角度去观察这个"小块"。这个新的世界是这样一个几何实体，其中每一个"小块"都通过占有位置并占据一段时间而存在，我们把这个几何实体叫做*时空*。在时空中，一个点（x，y，z，t）叫做一个*事件*。例如，设想在水平方向画出x轴，在另外两个方向画出y轴和z轴，它们两两互成"直角"并与纸面成"直角"，而在竖直方向画出时间轴。那么，在这样一个图上，比如说一个运动的粒子看起来会怎样呢？假如粒子是静止的，那么，它就具有一个确定的x，而随着时间流逝，它具有的x值不变；因此，它的"轨迹"就是一条平行于t轴延伸的直线［图5-1（a）］。另一方面，如果它慢慢地向外移动，那么，x就随着时间流逝而增加［图5-1（b）］。因此，比如说一个开始时向外运动并逐渐慢下来的粒子就会具有类似于如图5-1（c）中显示的那种运动。换句话说，一个永远不变的和不衰变的粒子在时空中用一条线来表示。一个衰变的粒子将用一条有分叉的线表示，因为它会从分叉点开始变成两个别的东西。

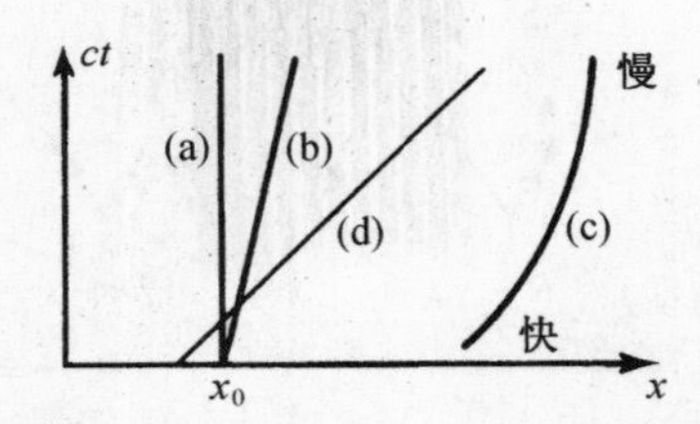

图5-1　三个粒子在时空中的轨迹：（a）一个静止于$x=x_0$处的粒子；（b）一个以恒定速度从$x=x_0$处开始运动的粒子；（c）一个以高速开始做减速运动的粒子

96　光波怎样呢？光波以速度c传播，而这将由一条具有确定斜率的直线表示［图5-1（d）］。

现在，按照我们的新概念，假如一个粒子经历了某个事件，比如说，假如它在某个时空点上突然衰变成两个沿着某些新的轨迹运动的新粒子，而且这个有趣的事件发生在某个x值和某个t值处，那么，我们就会预期，如果这有任何意义的话，只需要取一对新的坐标轴，并把它们转动一下，在这个新的坐标系中，我们就会得到新的t和新的x，如图5-2（a）所示。但这却是错的，因为方程组（5.1）与方程组（5.2）并不是完全相同的数学变换。要注意，比如说，这两组方程之间正负号的差别，还有，一组方程用$\cos\theta$和$\sin\theta$表示，而另一组方程则用代数量表示。（当然，将代数量写成余弦和正弦的形式并非不可能，但是，它们实际上不能这样写。）不过，这两组表达式还是非常相似。正如我们将要看到的，并非真的能把时空想象成一个真实的、普通的几何实体，原因就在于正负号的差别。事实上，虽然我们不会强调这一点，但结果证明，一个运动着的观察者必须使用一套与光线成相同倾角的坐标轴，用一种平行于x'轴和t'轴的特殊的投影方法得出他的x'和t'，如图5-2（b）所示。我们将不讨论这种几何学问题，因为这并没有多大的帮助；使用数学公式做研究更加容易一些。

97

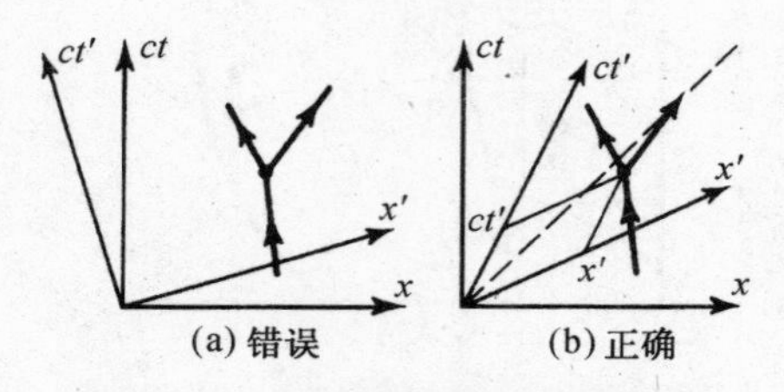

图5-2 一个正在衰变的粒子的两种视图

5-2 时空间隔

虽然时空几何并非通常意义下的欧几里得几何，但是，有一种与之非常相似的几何学，只是在某些方面显得有些奇特。如果这种几何学的概念是正确的，就应该存在一些与坐标系无关的坐标和时间的函数。比如说，在普通的旋转下，如果我们取两个点，为了简单起见，一个点取在原点处，而另一个点则在别的某个位置，两个坐标系具有相同的原点，那么，在两个坐标系中看，从原点到另一个点的距离是一样的。这是一个与测量距离的特殊方法无关的性质。距离的平方是 $x^2+y^2+z^2$。时空几何的情况又怎样呢？不难证明，我们在这里也有某种保持不变的东西，那就是，$c^2t^2-x^2-y^2-z^2$ 这个组合在变换之前和变换之后是相同的：

$$c^2t'^2-x'^2-y'^2-z'^2=c^2t^2-x^2-y^2-z^2. \tag{5.3}$$

因此，在某种意义上，这个量像距离一样是某种“真实的”东西；我们把它叫做两个时空点之间的间隔，在这个例子中，其中一个点在原点上。（当然，它实际上是间隔的平方，正如$x^2+y^2+z^2$是距离的平方一样。）因为它是在一种不同的几何中的量，所以我们给它起一个不同的名字，不过，惟一令人感兴趣的事情是，有几个正负号是相反的，而且有一个c因子在其中。

让我们把c去掉；如果我们打算找一个x坐标和y坐标可以相互交换的奇妙的空间，那真是一个荒唐的行为。一些没有经验的人可能会引起的混淆之一是，比方说，通过物体对眼睛的张角来判断宽度，而用一种不同的方法，例如聚焦所需要的肌肉的张力，来判断深度，这就好像用英尺来度量深度而用米来度量宽度一样。于是，在做像（5.2）式这样一类变换时，就会被变换方程搞得一塌糊涂，就会因为非常简单的技巧上的原因而看不到事情的清晰性和简单性，这个原因就是，相同的量用两种不同的单位来度量。现在，大自然用方程组（5.1）和（5.3）告诉我们，时间和空间是等价的；时间变成了空间；*它们应该用相同的单位来度量*。1“秒”有多远的距离呢？从（5.3）式很容易计算出有多远。是3×10^8米，*即光在1秒内传播的距离*。换句话说，如果我们打算用相同的单位“秒”来度量所有的距离和时间，那么，距离的单位就是3×10^8米，而方程式就会更简洁。另一个可以使单位相同的方法就是用米来度量时间。时间上的1米有多长呢？时间上的1米就是光传播1米所需要的时间，因而就是$1/3\times10^{-8}$秒，或者1秒的10亿分之3.3！换句话说，我们希望在$c=1$这种单位制下写出全部方程。如果时间和空间像前面所暗示的那样都用相同的单位来度量，那么，方程组就明显地精简得多了。这些精简了的方程是

98

$$\begin{aligned} x' &= \frac{x-ut}{\sqrt{1-u^2}}, \\ y' &= y, \\ z' &= z, \\ t' &= \frac{t-ux}{\sqrt{1-u^2}}, \end{aligned} \tag{5.4}$$

$$t'^2 - x'^2 - y'^2 - z'^2 = t^2 - x^2 - y^2 - z^2. \tag{5.5}$$

我们是否会担心，或者“害怕”使用了$c=1$这个单位制之后，再也不能把方程组恢复原貌呢，答案正好相反。记住不写出c的方程组要容易得多，而通过对量纲做分析，总是很容易把c放回原处。比如说，在$\sqrt{1-u^2}$中，我们知道不可能用纯粹的数字1去减有单位的速度平方，因此，我们就会知道，为了使这一项没有单位，必须用c^2去除u^2，这就是把方程变回原样的方法。

时空与普通空间之间的区别，以及与距离有关的间隔的特性是非常有意思的。根据公式（5.5），如果我们考虑在给定的坐标系中时间为零，只有空间坐标的一个点，那么，间隔的平方就是负的，我们就会得到一个虚的间隔，即一个负数的平方根。在相对论中，间隔既可以是实数也可以是虚数。一个间隔的平方既可以是正数也可以是负数，这与距离不一样，它的平方是正数。当一个间隔是虚数时，我们说两点之间有一个类空的（而不说是虚的）间隔，原因就是，这个间隔更像空间而不像时间。另一方面，如果两个物体在一个给定的坐标系中处于同一个地点，而只有时间不一样，那么，时间的平方是正数，而且距离是零，结果，间隔的平方是正数；这种间隔叫做类时的间隔。因此，在我们的时空图中就会有类似于这样的表示：在45°的方位上有两条直线（实际上，在四维中它们就是“圆锥面”，叫做光锥），在这两条直线上的点与原点的间隔都等于零。从某个给定的点发出的光与发光点的间隔总是零，正如我们从方程（5.5）看到的那样。顺便说一下，我们刚才已经证明了，如果在一个坐标系中光以速度c传播，那么，在另一个坐标系中它也以速度c传播，因为，如果间隔在两个坐标系中是相同的，即在一个坐标系中等于零，在另一个中也等于零，那么，说光的传播速度不变就等同于说间隔等于零。

5-3　过去、现在和未来

在一个给定的时空点的周围，时空区可以被分割成三个区域，如图5–3所示。一个区域中的间隔是类空间隔，另外两个区域中的间隔是类时间隔。从物理学的角度看，由一个给定点周围的时空划分成的这三个区域与该点之间有一种有趣的物理联系：一个物理客体或者一个信号能够以小于光速的速率从第二个区域中的某个点到达事件O处。因此，在这个区域中的事件能够影响到O点，也能够从过去对其产生影响。当然，事实上一个在负t轴上处于P点的物体相对于O点而言正处于“过去”；它与O点是同一个空间点，只不过早些时候罢了。当时在那里发生过的事情，现在影响到O点。（遗憾的是，生活就是这样展

100

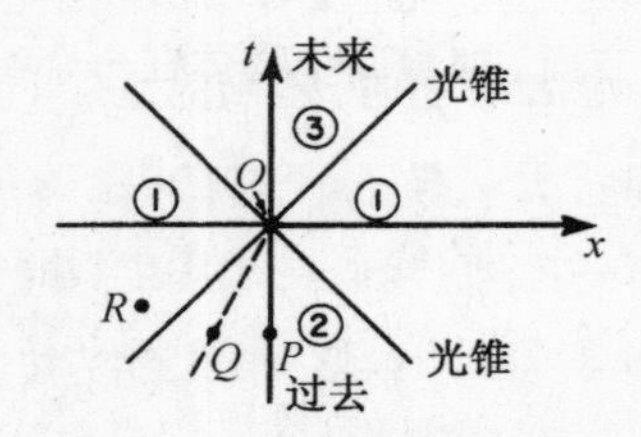

图5–3　原点周围的时空区域

开的。）在Q点的另一个物体能够以某个小于c的速率运动而到达O点，因此，如果这个物体处于一艘运动的宇宙飞船中，那么，它也将是该空间点的过去。更确切地说，在另一个坐标系中，时间轴可以通过O和Q这两个点。于是，在第二个区域中，所有的点都处于O点的"过去"，发生在这个区域中的任何事情都*能够*影响到O点。因此，第二个区域有时就叫做*有影响的过去*，即能够影响现在的过去；所有能够以任何方式影响O点的事件都发生在这里。

另一方面，第三个区域是这样一个区域，我们可以从O点对其施加影响，在这个区域中，以小于c的速度射出的"弹丸"能够"击中"目标。因此，这是一个其未来能够受我们影响的世界，我们可以把这个区域叫做*受影响的未来*。现在还剩下时空的其余部分，即第一个区域，关于这个区域，令人感兴趣的事情是，我们既不能现在从O点影响它，它也不能影响现在处于O点的我们，因为没有任何东西能够跑得比光更快。当然，在R点发生的事情能够在*稍后*影响我们，这就是说，假如太阳"此刻"正在爆炸，那么，需要过8分钟我们才会知道这件事情，在这个时刻之前它不可能影响到我们。 101

我们用"此刻"这个词表示这样一种神秘的事情，我们既不能对其做出定义，也无法对其施加影响，但是它却能够在稍后影响我们，或者，假如我们在足够早的过去做过某件事情，就有可能已经影响它了。当我们观察半人马座α这颗恒星时，看到的是它4年前的样子；我们也许想知道它"现在"像个什么样子。"现在"指的是，从我们这个特殊的坐标系中看处于同一时刻。我们只能从我们的过去，即4年前，从半人马座α发出的光中来看它，但是，我们并不知道"现在"在那里发生着什么事情；在那里，"现在"所发生的事情需要等待4年才能对我们产生影响。半人马座α的"现在"只是我们头脑中的一个观念或者概念；它并不是在此时此刻从物理上可以真正定义的东西，因为我们必须等着去观测它；我们甚至不能就在"此刻"定义它。此外，"现在"取决于坐标系。例如，假定半人马座α正在运动，一个在那里的观测者就不会赞同我们的说法，因为他要把他的坐标轴指向某一个角度，而他的"现在"将会是一个*不同*的时刻。我们已经讨论过有关同时性并不是惟一的这个事实。

有那么一些占卦算命的人，也就是那些告诉我们说他们能够预知未来的人，还有许多讲述某人突然发现自己具有预知未来的本领的神奇故事。唉，这就产生出许许多多自相矛盾的事情来了，因为，假如我们预知某件事情将要发生，那么，我们就肯定能够在适当的时间采取适当的措施去避免它，如此等等。可是，实际上甚至没有任何一个算命先生能够告诉我们*现在怎么样*！没有任何人能够告诉我们在任何合理的范围内此时此刻正在发生什么事情，因为那是不能观测的。我们可以向自己提出这样一个问题（这个问题将留给学生去尝试回答）：假如突然变得有可能预知处于第一个区域（即类空区）内的事件，这会产生什么自相矛盾的事情吗？

5-4　四维矢量的进一步讨论

102

下面，我们回到考察洛伦兹变换与空间坐标旋转的类比这个问题中去。我们已经学过这样一个方法，将与坐标具有相同变换性质的其他若干个量组合起来，构成所谓的*矢量*，即有向线段。就普通的旋转而言，有许多量的变换方式与x，y和z在旋转下的变换方式一样。比如说，速度有3个分量，即x分量、y分量和z分量；如果在一个不同的坐标系中观察，没有任何一个分量会保持相同，相反，它们全都变换成新的数值。可是，不管怎样，速度“本身”要比它的任何个别的分量具有更大的真实性，我们用一条有向线段表示它。

因此，我们要问：存在这样一些量，它们在一个运动的坐标系和一个不运动的坐标系之间的变换方式，或者说它们之间的相互联系与x，y，z和t之间的联系相同，这个说法对还是不对呢？我们从有关矢量的经验中得知，其中的3个量就像x，y，z一样，将构成一个普通的空间矢量的3个分量，而第4个量在空间旋转下看起来就像一个普通的标量，因为，只要我们不跑到一个运动的坐标系中去，它就不会改变。那么，用某种方式把我们称之为“时间分量”的第4个量与某些已知的“三维矢量”联系起来，使得这4个量一起按照时空中位置和时间的变换方式“旋转”，这是否有可能呢？下面我们将证明，确实存在至少一个这样的量（事实上存在许多这样的量）：动量的3个分量和作为时间分量的能量一起变换就构成一个所谓的“四维矢量”。在对此所做的证明中，由于不得不到处写上c这个量而相当不方便，所以，我们将采用在方程组（5.4）中用过的同样的技巧来处理能量、质量和动量的单位。例如，能量和质量仅仅相差一个因子c^2，这只不过是一个计量单位的问题，因此，我们可以认为，能量就是质量。我们令$E=m$而不一定非要写上c^2，当然，如果遇到什么麻烦的话，我们就会适当地插入若干个c，使计量单位在最终的方程中被改正过来，但是，中间的推导过程就不这样做了。

103

于是，关于能量和动量的方程就是

$$E = m = m_0 / \sqrt{1-v^2},$$
$$\boldsymbol{P} = m\boldsymbol{v} = m_0\boldsymbol{v}\sqrt{1-v^2}. \tag{5.6}$$

同样，在这些单位下有

$$E^2 - P^2 = m_0^2. \tag{5.7}$$

例如，如果我们用电子伏特来计量能量，那么，1电子伏特的质量是什么意思呢？它表示静能等于1电子伏特所对应的质量，即m_0c^2等于1电子伏特。比如说，一个电子的静质量等于$0.511\times10^6\mathrm{eV}$。

那么，在一个新的坐标系中，动量与能量像个什么样子呢？为了找出问题的答案，必须对公式（5.6）做变换，这是可以做得到的，因为我们知道速度如何变换。假定当我们对一个物体进行测量时，它具有速度v，不过，我们要从一艘本身正以速度u运动的宇宙飞船上观测这同一个物体，在该坐标系中，我们用撇号来标明相应的量。在开始时，为了把问题简化，我们将考虑速度v沿着u的方向这种情形。（稍后，我们可以考虑更一般的情形。）从宇宙飞船上看，速度v'等于多少呢？这是一个合速度，即v与u之“差”。根据我们在前面导出的规则，

$$v' = \frac{v-u}{1-uv}. \tag{5.8}$$

下面，我们来计算新的能量E'，即宇宙飞船上的那个家伙应该测出的能量。他当然应该使用同一个静质量值，不过就要用v'做速度。我们必须要做的事情就是，求v'的平方，用1去减它，再开平方根，并求倒数：

$$
\begin{aligned}
v'^2 &= \frac{v^2-2uv+u^2}{1-2uv+u^2v^2},\\
1-v'^2 &= \frac{1-2uv+u^2v^2-v^2+2uv-u^2}{1-2uv+u^2v^2}\\
&= \frac{1-v^2-u^2+u^2v^2}{1-2uv+u^2v^2}\\
&= \frac{(1-v^2)(1-u^2)}{(1-uv)^2}
\end{aligned}
$$

104

由此可得到

$$
\frac{1}{\sqrt{1-v'^2}} = \frac{1-uv}{\sqrt{1-v^2}\sqrt{1-u^2}}. \qquad (5.9)
$$

于是，能量E'就等于m_0乘上述表达式。不过，我们想用不带撇号的能量和动量表示这个能量值，我们注意到

$$
E' = \frac{m_0 - m_0uv}{\sqrt{1-v^2}\sqrt{1-u^2}} = \frac{(m_0/\sqrt{1-v^2}) - (m_0v\sqrt{1-v^2})u}{\sqrt{1-u^2}},
$$

也就是

$$
E' = \frac{E-up_x}{\sqrt{1-u^2}}, \qquad (5.10)
$$

我们看到，这个公式与下面的公式形式上完全一样

$$
t' = \frac{t-ux}{\sqrt{1-u^2}}.
$$

接着，我们必须找出新的动量p'_x。这正好就是能量E'和v'的乘积，也可以用E和p简单地表示：

$$p'_x = E'v' = \frac{m_0(1-uv)}{\sqrt{1-v^2}\sqrt{1-u^2}} \cdot \frac{v-u}{(1-uv)} = \frac{m_0 v - m_0 u}{\sqrt{1-v^2}\sqrt{1-u^2}}.$$

这样就得到

$$p'_x = \frac{p_x - uE}{\sqrt{1-u^2}}, \tag{5.11}$$

105　我们看到，这个公式与下面的公式形式上完全一样

$$x' = \frac{x-ut}{\sqrt{1-u^2}}.$$

这样，用原来的能量和动量表示新的能量和动量的变换规则，以及用t和x表示t'，用x和t表示x'的变换规则，两者完全一样：我们所要做的事情就是，每当在（5.4）式中看到t时，就用E代入，而每当看到x时，就用p_x代入，这样，方程组（5.4）就会变成与方程（5.10）和（5.11）相同的方程。如果一切都正确的话，这就暗含着一条附加的规则$p'_y=p_y$和$p'_z=p_z$。要证明这一点，就需要我们回过头去研究上下运动的情形。实际上，我们在上一章中已经研究过上下运动的情形。我们分析过一个复杂的碰撞过程，并且注意到，从运动着的坐标系中看，横向动量实际上并不改变；这样，我们就已经证明了$p'_y=p_y$和$p'_z=p_z$。于是，完整的变换规则就是

$$
\begin{aligned}
p'_x &= \frac{p_x - uE}{\sqrt{1-u^2}}, \\
p'_y &= p_y, \\
p'_z &= p_z, \\
E' &= \frac{E - up_x}{\sqrt{1-u^2}}.
\end{aligned} \tag{5.12}
$$

因此，我们在这个变换中找到了四个量，它们的变换方式与x，y，z和t的一样，我们把这四个量叫做*四维动量矢量*。由于动量是一个四维矢量，因此，在一个运动粒子的时空图中，可以把它表示成一条与轨迹相切的“有向线段”，如图5-4所示。这条有向线段有一个等于能量的时间分量，而它的空间分量则表示它的三维动量矢量；这条有向线段比能量和动量都更“真实”，因为能量和动量完全依赖于我们观察这个图的方式。

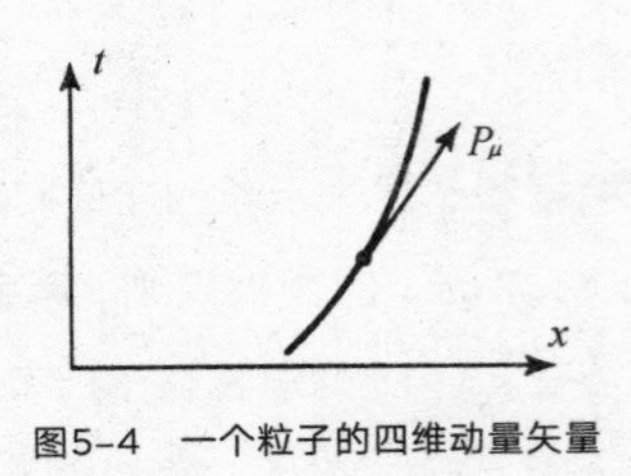

图5-4 一个粒子的四维动量矢量

5-5 四维矢量代数

四维矢量的表示方法不同于三维矢量的表示方法。在三维矢量的情形下，如果我们打算讨论普通的三维动量矢量，我们就会把它写成$\boldsymbol{p}$。如果想说得更明确些，就可以说它有三个分量，它们在所讨论的坐标系下是p_x，p_y和p_z，也可以简单地写成一个一般的分量形式p_i，并认为i可以取x，y或者z，这就得到了三个分量；更确切地说，想象i是x，y或者z三个方向之中的任意一个方向。我们用来表示四维矢量的方法与这个情况相似：我们写下p_μ表示四维矢量，而μ代表四个可能的方向t，x，y或者z。

当然，我们可以使用任何我们想用的符号；不要小看符号这个东西；把它们发明出来是非常有用的。事实上，数学在很大程度上就是发明更好的符号。四维矢量的整个观念事实上就是符号表示法的一种改进，它使变换方程能够易于记忆。于是，A_μ就是一个一般的四维矢量，而对于动量这种特殊的情形，p_t就被确定为能量，p_x是x方向的动量，p_y是y方向的动量，还有，p_z是z方向的动量。要对四维矢量求和，就将相应的分量加起来。

假如四维矢量之间存在一个等式，那么，这个等式对每一个分量都成立。例如，如果在粒子碰撞中三维动量矢量守恒定律成立，即，如果大量相互作用着的或者相互碰撞的粒子的动量之和保持不变，就一定意味着所有粒子的动量在x方向、y方向和z方向的分量之和必须分别保持不变。在相对论中，单独这条定律是不可能成立的，因为它并不完整；这就好像只讨论一个三维矢量的两个分量一样。说它不完整，原因就是，如果我们转动坐标系，就会把各个分量混合起来，所以，在我们的定律中必须包括所有的三个分量。因此，在相对论中，我们必须推广动量守恒定律，使它包括时间分量，以达到完整。把这个分量与另外三个分量结合起来是绝对必要的，否则就不可能有相对论不变性。能

107

量守恒是第四个方程，它与动量守恒一起在空间和时间的几何学中构成一个正确的四维矢量关系式。因此，在四维表示法中，能量和动量守恒定律为

$$\sum_{\text{参与碰撞的粒子}} p_\mu = \sum_{\text{碰撞产生的粒子}} p_\mu \,, \tag{5.13}$$

也可以写成稍微不同的样子

$$\sum_i p_{i\mu} = \sum_j p_{j\mu} \,, \tag{5.14}$$

式中 $i=1,2,\cdots$ 代表参与碰撞的粒子，$j=1,2,\cdots$ 代表由碰撞产生的粒子，$\mu=x,y,z$ 或者 t。有人会问，“用哪一个坐标系呢？”这没有关系。在任何坐标系中，这条定律对每一个分量都成立。

我们在矢量分析中讨论过另一个问题，即两个矢量的点乘。下面我们来考虑时空中相应的问题。我们在普通的旋转中发现，存在一个不变的量 $x^2+y^2+z^2$。在四维中，我们发现相应的量是 $t^2-x^2-y^2-z^2$ [（5.3）式]。我们如何写出这个公式呢？一种方法是，画出某种像 A_μ ◈ B_μ 这个样子的中间有一个方点的四边形；在实际中用到的一种表示法是

$$\sum_\mu{}' A_\mu A_\mu = A_t^2 - A_x^2 - A_y^2 - A_z^2. \tag{5.15}$$

$\sum$ 上面的撇号表示第一项，即“时间”项是正的，而其余三项带有负号。于是，这个量在所有坐标系中都相同，我们可以把它叫做四维矢量

108

的长度的平方。举个例子，一个单粒子的四维动量矢量的长度的平方等于什么呢？它将等于 $p_t^2-p_x^2-p_y^2-p_z^2$，或者换一种形式写成E^2-p^2，因为我们知道，p_t就是E。E^2-p^2等于什么呢？它必定是某个在所有坐标系中都相同的量。尤其是，在一个始终随同粒子一起运动的坐标系中，这个量必须是相同的，在这个坐标系中，该粒子静止不动。如果该粒子静止不动，那么，它就没有动量。这样一来，在那个坐标系中，粒子就只有纯粹的能量，这个能量就等于该粒子的静质量。于是，$E^2-p^2=m_0{}^2$。由此可见，这个矢量，即四维动量矢量的长度的平方等于$m_0{}^2$。

从一个矢量的平方出发，我们可以进而构造"点乘"运算，即乘积的结果是一个标量：如果a_μ是一个四维矢量，而b_μ是另一个四维矢量，那么，标量积就是

$$\sum{}' a_\mu b_\mu = a_t b_t - a_x b_x - a_y b_y - a_z b_z \tag{5.16}$$

它在所有坐标系中都相同。

最后，我们要提一下某些静质量等于零的物体，例如一个光子。一个光子就像一个粒子，携带着能量和动量。一个光子的能量是某个常数（叫做普朗克常数）乘光子的频率：$E=h\nu$。这样一个光子还携带着动量，而一个光子（事实上也是任何别的粒子）的动量等于h被波长除：$p=h/\lambda$。不过，对于一个光子而言，在频率与波长之间存在一个明确的关系：$\nu=c/\lambda$（每秒传过的波的数目乘每一个波的波长就等于光在1秒内传播的距离，这个数字当然就等于c）。于是我们立刻看到，一个光子的能量必定等于它的动量乘c，或者，如果$c=1$，能量与动量相等。这就

是说，静质量等于零。让我们再来看一看这个推理过程吧，这是一件相当奇特的事情。如果这是一个静质量等于零的普通粒子，那么，当它停下来时会出现什么事情呢？它永远不会停下来！它始终以速度c运动。计算能量的一般公式是 $m_0/\sqrt{1-v^2}$ 。那么，我们能否因为$m_0=0$和$v=1$就认为能量等于0呢？我们不能认为能量等于零；尽管光子没有静质量，但是，它实际上可以（而且确实）具有能量，不过，它是通过永不停息地以光速运动来占有这份能量的！ 109

我们还知道，任何粒子的动量都等于它的总能量乘它的运动速度：如果$c=1$，$p=vE$，或者在通常的单位制中，$p=vE/c^2$。对于任何以光速运动的粒子而言，如果$c=1$就有$p=E$。从一个运动的坐标系中看，一个光子的能量公式当然由公式（5.12）给出，不过，动量就必须用能量乘c（或者在上述单位制下乘1）来代替。经过坐标变换之后，不同的能量意味着具有不同的频率。这叫做多普勒效应，我们可以用公式（5.12）很容易地把它推导出来，还要用到$E=p$和$E=h\nu$。

正如明可夫斯基所说的，“空间和时间将自然而然地退隐成为纯粹的阴影，只有它们之间的某种结合才得以幸免。”

第六章

弯曲空间

6-1 二维弯曲空间

牛顿认为，每个物体都吸引别的物体，吸引力的大小与两者之间的距离的平方成反比，而物体则以正比于力的加速度回应力的作用。以上说法就是牛顿的万有引力定律和运动定律。正如大家所知道的，这些定律解释了球体、行星、人造卫星、星系等物体的运动。 111

爱因斯坦对万有引力有一种不同的解释。他认为，重物附近的空间与时间（它们必须被组合起来形成时空）是*弯曲的*。物体在这个弯曲的时空中极力要沿着"直线"运动，这种趋势令它们以这样的方式运动。这是一个很难理解的概念——非常难以理解。这就是我们在本章中要做出解释的概念。

我们这个主题有三部分内容。一部分涉及引力效应；另一部分涉及已经讨论过的时空概念；第三部分涉及弯曲时空的概念。在开始时我们将简化要讨论的主题，不去过多地考虑引力的问题，并且不考虑时间变量——仅仅讨论弯曲的空间。稍后我们将讨论另外两个主题，但目前将集中讨论弯曲空间的观念——弯曲空间是什么意思，或者更准确地说，在爱因斯坦的理论中，弯曲空间是什么意思。结果表明，在三维空间中，甚至这样的问题目前也是有点难以理解的。因此，我们将首先更进一步简化这个问题，在二维的情况下讨论"弯曲空间"这个词的含义。 112

为了理解二维弯曲空间这个概念，你确实必须去体会一下一个生活在这种空间中的生物那带有局限性的观点。假如我们想象一只生活在一个平面上的没有眼睛的虫子，如图6-1所示。它只能在这个平面上运动，它没有认识“外部世界”的方法。(它并没有大家所具有的想像力。)我们当然要通过类比的方法来讨论。我们生活在一个三维的世界中，我们没有任何想像力去想象一个新的方向跳离我们这个三维世界；因此，我们不得不通过类比的方法来解决问题。这就好像我们是生活在一个平面上的虫子，在另一个方向存在着一个空间。这就是我们将首先通过虫子进行讨论的原因，记住，它必须生活在它的表面上，并且不能跳出去。

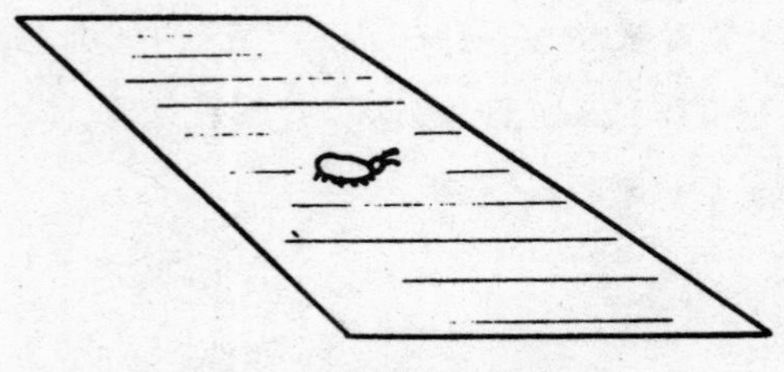

图6-1　一只在平面上的虫子

再举一个例子来说明一只生活在二维中的虫子，我们来想象一只生活在一个球面上的虫子。想象它能够如图6-2所示那样在球面上到处漫游，但它不能朝“上”，或者朝“下”，或者朝“外”看。

下面我们还要看一看第三种生物。它像别的两种生物一样也是一只虫子，也像我们的第一只虫子那样生活在一个平面上，但这个平面是特殊的。温度在不同的地方并不一样。还有，这只虫子以及它所使用的任何尺子都由遇热膨胀的相同的材料构成。每当它在某个地方放上一把尺子来测量某个东西时，这把尺子就立刻膨胀到该处温度下的固有长度。无论它把什么东西放在哪里——它自己、一把尺子、一个三角形，或者什么别的东西——这件东西自然就会因热膨胀而伸长。所

113

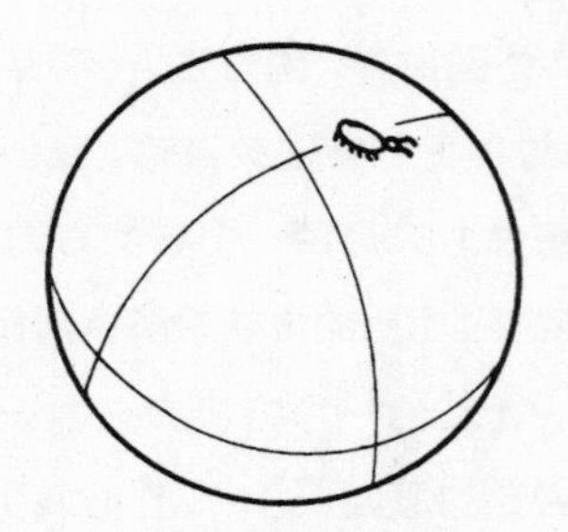

图6-2 一只在球面上的虫子

有的东西在热的地方都比在冷的地方长，所有的东西都具有相同的膨胀系数。我们特别要考虑一种特殊的热板，它在中心处是冷的，随着我们往边上走，它变得越来越热（图6-3），尽管如此，我们还是要把我们这第三种虫子的家园叫做“热板”。

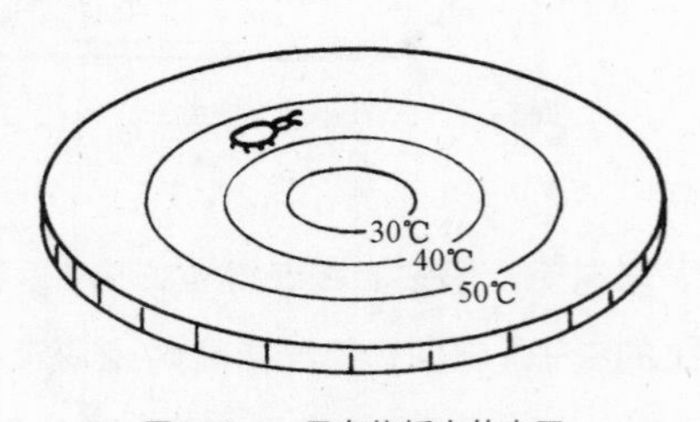

图6-3 一只在热板上的虫子

下面我们将想象这些虫子开始研究几何学。尽管我们把它们想象成是瞎子，这样它们就看不到任何“外部的”世界，但是，它们还是能够用它们的腿和触角干许多事情。它们能够画线、做尺子、测量长度。首先，设想它们从几何学中最简单的概念开始。它们学会怎样画一条直线——定义为两点之间最短的线。我们的第一种虫子（图6-4）会画非常直的线。可是生活在球面上的虫子怎样呢？它沿着两点之间——对它而言——的最短距离画出它的直线，如图6-5所示。这

114

条线在我们看来也许像一条曲线，可是它没有任何办法跳离球面并发现“真的”有一条更短的线。它只知道，假如它在它的世界中尝试任何别的路线，它们都比它的直线长。因此，我们将让它把它的直线作为两点之间最短的弧线。（这当然是一个大圆上的一条弧线。）

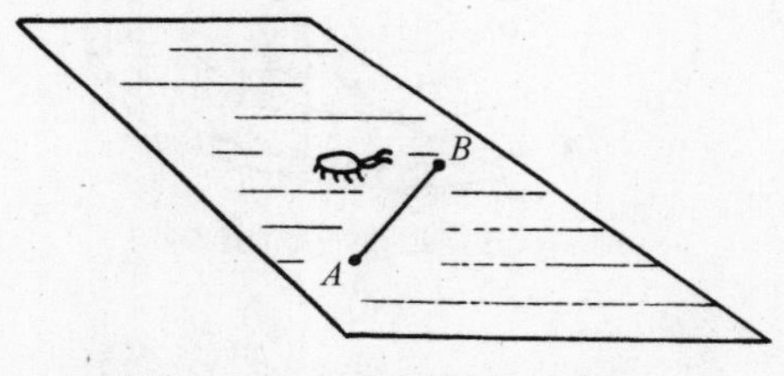

图6-4　在一个平面上画一条“直线”

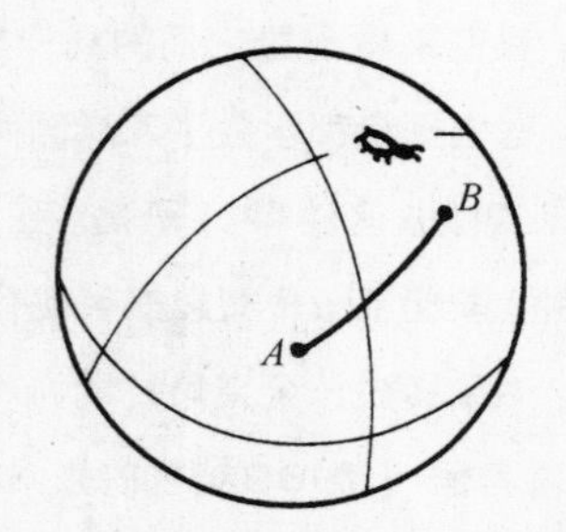

图6-5　在一个球面上画一条“直线”

最后，我们的第三种虫子（图6-3中的那种）也将画出一条在我们看来像曲线的“直线”。比如说，在图6-6中A和B之间的最短距离应该在一条如图所示的曲线上。为什么会这样呢？原因就是，当它的线朝外向着热板的较温暖的部分弯曲时，尺子（从我们那无所不知的观点来看）就逐渐地变得更长，而从A到B需要首尾相接地放置的“码尺”就更少。因此，对它来说，这条线是笔直的——它没有任何办法知道，在外部的一个陌生的三维世界中会存在某种生物，这种生物将把一条不同的线叫做“笔直的”。

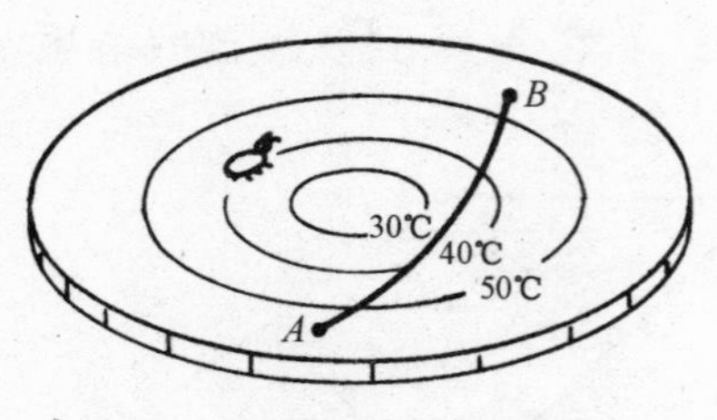

图6–6 在热板上画一条“直线”

我想，大家现在得到了这样一个概念，因此，余下的全部分析都将总是从生活在特定的表面上的生物的观点出发而不是从我们的观点出发。记住这个要求，我们来看一看它们的几何学的余下部分是个什么样子。让我们假定这些虫子全都学会了怎样画两条相交成直角的线。115（你能够想象出它们会怎样做这件事。）于是，我们的第一种虫子（生活在普通平面上的那种）发现了一个有趣的事实。如果它从*A*点开始画一条100英寸长的线，然后转过一个直角并画另一条100英寸的直线，然后再转过一个直角并再画一条100英寸的直线，然后第三次转过一个直角并画第四条100英寸长的直线，它就会如图6–7（a）所示的那样，最后刚好画到开始的那一点上。这是它的世界的一个性质——它的“几何学”中的一个事实。

接着，它发现另一件有趣的事情。如果它画出一个三角形（一个由三条直线组成的图形），那么，三个角度之和就等于180°，即等于两个直角之和。参见图6–7（b）。

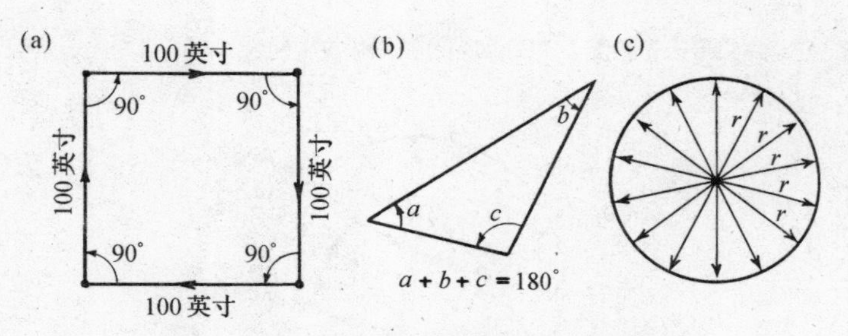

图6-7 在一个平直的空间中的正方形、三角形和圆

接下来，它画了一个圆。一个圆是什么东西呢？一个圆是这样画出来的：你从某个点出发向四面八方画直线，并标上许多与这个点距离相同的点。参见图6-7（c）。（我们必须小心在意我们是如何定义这些东西的，因为我们必须让另外两个家伙能够做类比。）当然，这个图形等价于这样一条曲线，你可以通过让一把尺子绕着一个点旋转来画出它。不管怎么样，我们这些虫子学会了怎样画圆。接着有一天，它想测量一个圆的周长。它测量了几个圆，并发现了一条简洁的关系：圆周的长度总是等于同一个数字乘半径r（这当然就是从中心向外到曲线的距离）。周长与半径总是具有相同的比例——近似等于6.283——与圆的大小无关。

116

下面，我们来看一看别的两种虫子在它们的几何学中找到些什么东西。首先，当生活在球面上的虫子尝试画一个“正方形”时会出现什么事情呢？如果它遵循我们在前面描述的方法去做，它大概会认为结果几乎不会有什么麻烦。它得到了一个如图6-8所示那样的图形。它的终点B并不在起点A上，根本就画不出一个闭合的图形。拿一个球来试一试看。类似的情况出现在我们那生活在热板上的朋友那里。如果它画四条由直角连接起来的（用它的膨胀的尺子测量时）长度相等的直线，它就得到一个像图6–9那样的图形。

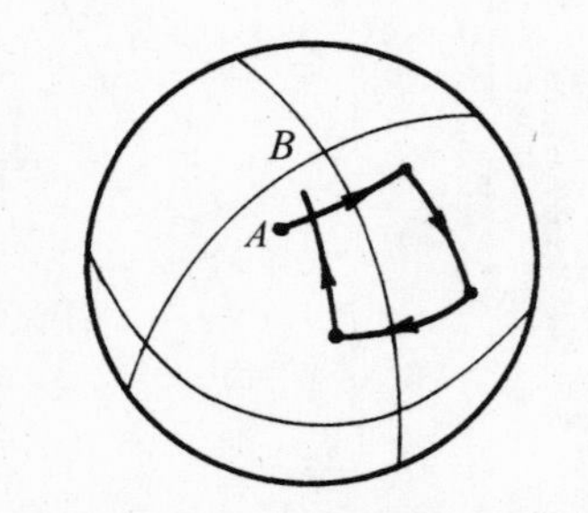

图6-8 尝试在一个球面上画“正方形”

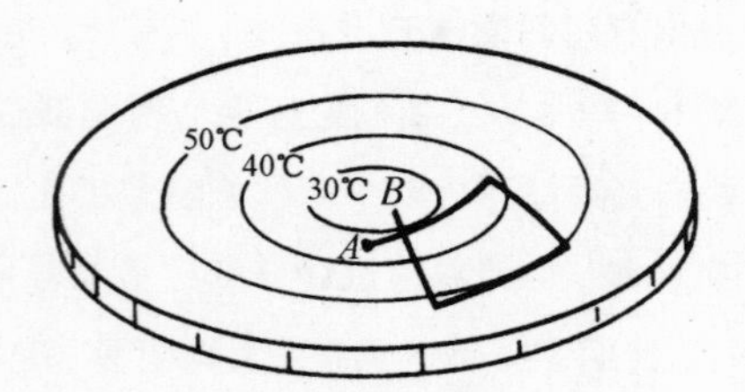

图6-9 尝试在热板上画“正方形”

下面假设我们的每一种虫子都有它们自己的欧几里得，它已经告诉它们，几何学“应该”是个什么样子，而它们已经在一个小的范围内通过进行粗略的测量大致上验证了它的结论。接着，当它们尝试在一个大的范围内画精确的正方形时，就会发现出错了。问题就在于，仅仅通过几何学的测量，它们就会发现，麻烦出在它们的空间中。我们定义弯曲的空间是这样一个空间，在这个空间中，几何学并不是我们在平面上预期的那个样子。生活在球面上或者生活在热板上的虫子的几何学是弯曲空间中的几何学。欧几里得几何学的法则失效了。于是，为了认识到你生活于其中的世界是弯曲的，并不需要你能够使自己从表面上跳出来。为了认识到世界是一个球面，并不需要做环球航行。通过画

117

118 一个正方形，你就能够认识到，你生活在一个球面上。如果画出来的正方形很小，你将需要很高的精确度，不过，如果这个正方形很大，测量就能够比较粗略地进行。

让我们以平面上的三角形为例子。3个内角之和等于180°。我们在球面上的朋友能够找到非常奇特的三角形。例如，它能够找到具有3个直角的三角形。千真万确！图6-10画出了一个。想象我们的虫子从北极开始画一条直线，一直往下画到赤道上。接着，它转过一个直角，并画出另一条长度一样的精确的直线。接着重复上面的步骤。用这个它挑选出来的非常特别的长度，正好回到开始的那一点，而且也是以一个直角与第一条线相交。因此，毫无疑问，对于它来说，这个三角形有3个直角，或者说内角之和是270°。结果，三角形的内角之和总是大于180°。事实上，多出的度数（对于图示的那种特殊的情形，就是多出的90°）与该三角形的面积成正比。如果一个在球面上的三角形非常小，它的内角之和就非常接近180°，仅仅大一点点。随着三角形不断增大，偏差就不断增加。生活在热板上的虫子从三角形中会发现相似的困难。

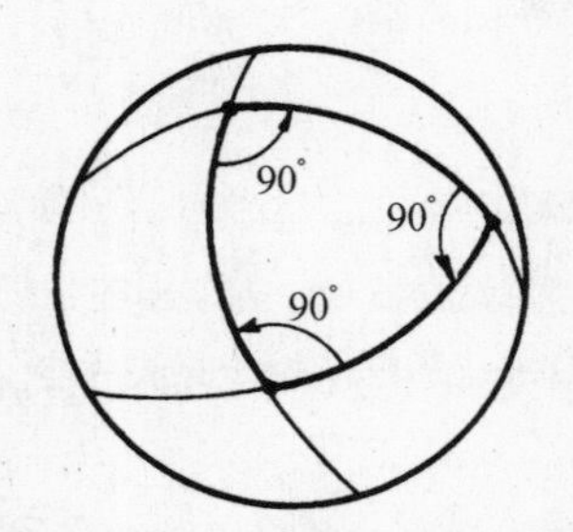

图6-10　在球面上一个“三角形”可以有3个90°的内角

下面来看一看我们那些虫子在圆这个问题上找到些什么东西。它们画出圆周并测量其周长。比如说，生活在球面上的虫子可以画一个如图6–11所示那样的圆。它将发现圆的周长小于2π乘半径。（你能够明白这个结果，因为根据我们的三维视图的常识，它所谓的“半径”显然是一条比这个圆的真实半径*更长*的曲线。）设想生活在球面上的虫子学过欧几里得几何学，并决定用周长除2π来预言半径：

119

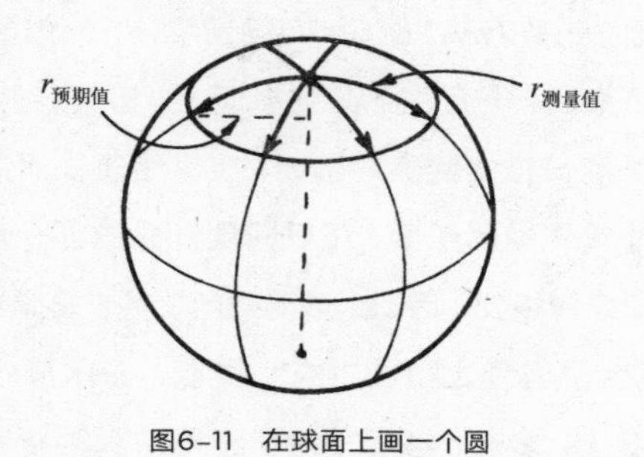

图6–11 在球面上画一个圆

$$r_{预期值}=\frac{C}{2\pi}. \tag{6.1}$$

于是，它就会发现，实测半径大于预期半径。继续研究这个问题，它可以把这个差额定义为“多出的半径”，写成

$$r_{测量值}-r_{预期值}=r_{多出值}. \tag{6.2}$$

并研究这种多出半径的效应怎样依赖于圆的大小。

我们那生活在热板上的虫子将发现相似的现象。想象它准备画一个如图6–12所示那样的圆，圆心在板上冷的部位。假如我们打算看着它画这个圆，就会注意到，它的尺子在靠近圆心处是短的，并随着尺子往外移动逐渐变长——尽管这只虫子无疑并不知道这一点。当它测量周长时，尺子自始至终是长的，因此，它也发现实测半径比预期半径 $C/2\pi$ 长。热板虫也发现一种“多出半径的效应”。这种效应的大小还是依赖于圆的半径。

120

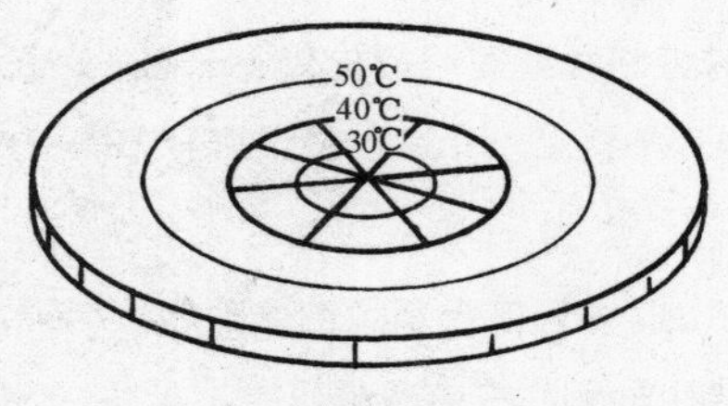

图6-12　在热板上画一个圆

我们将把这样一个空间*定义*为一个“弯曲空间”：在这个空间中，存在以下类型的几何误差：一个三角形的内角之和不是180°；一个圆的周长被 2π 除不等于半径；画一个正方形的规则并不给出一个闭合的图形。你还可以想出其他的事情。

我们已经举出了弯曲空间的两个不同的例子：球面和热板。不过，如果我们选择热板上的温度变量是距离的适当的函数，那就有意思了，两种*几何学*将会一模一样。这个结果相当有趣。我们能够令生活在热板上的虫子与生活在球面上的虫子得到完全相同的答案。对于那些喜欢几何学及几何学问题的人，我将告诉你们这如何能够办得到。如果你假定尺子的长度（当由温度决定时）正比于1加上某个常数乘以与原点的距离的平方，那么，你就会发现，那块热板上的几何学在所有细节上（无穷远点除外）与球面上的几何学一模一样。

当然，存在别的种类的几何学。我们可能会向一只生活在一个梨形面上的虫子请教几何学，所谓的梨形面就是这样一种曲面，在某些地方具有较大的弯曲程度，而在别的地方具有较小的弯曲程度，而在别的地方具有较小的弯曲程度，这样，在它的世界中，在某个区域画出的小三角形与在另一个区域画出的相比，内角的超出就会更加严重。换句话说，空间的弯曲程度有可能处处不一样。这正是上述观念的一个推广。它也可以用热板上一个适当的温度分布来模拟。 121

我们还可以指出，有可能出现负的偏差这种结果。比如说，我们会发现，所有被画得非常大的三角形都具有小于180°的内角和。这看上去也许不可能，但情况确实如此。首先，我们可以做一个温度随着远离板心而降低的热板，于是，所有的效应都将反过来。不过，我们也可以考察鞍形面的二维几何学，用单纯的几何方法实现这种结果。想象一个如图6-13所示的鞍形面。接下来在这个面上画一个"圆"，它被定义为中心距相同的所有的点的轨迹。这个圆是一条具有起伏效应的振荡的曲线。这样，它的周长就比用$2\pi r$算出的预期值要长。因此，在这里$C/2\pi$就比r大。"多出的半径"是负的。

球面和梨形面等曲面都是*正*曲率的表面；而其他的面叫做*负*曲率的表面。一般说来，一个二维的世界将具有处处不一样的曲率，并且有可能在某些地方曲率为正，而在别的地方曲率为负。概括地说，弯曲空间指的就是这样一种空间，在这些空间中，由于出现正的或负的偏差而使欧几里得几何学失效。曲率的大小（比如说由多出的半径来定义）可以处处不一样。 122

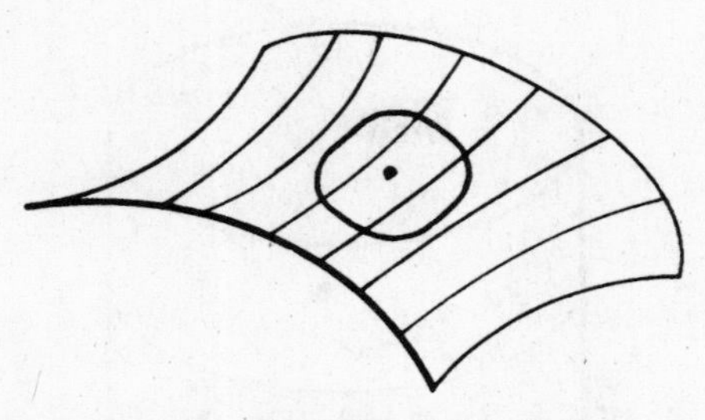

图6–13　鞍形面上的一个“圆”

应该指出的是，从我们对曲率的定义来看，一个圆柱面不是弯曲的，这相当令人惊讶。如果一只虫子生活在一个如图6–14所示那样的圆柱面上，它就会发现三角形、正方形和圆全都具有平面上相应图形所具有的性质。只要考虑一下，假如圆柱面被展开成平面，所有这些图形看起来会怎样，就很容易明白这一点。于是，可以用完全与平面相对应的方法画出所有的几何图形。因此，一只生活在一个圆柱面上的虫子（假定它不会一直走下去，而只是做局部的测量）没有任何办法察觉它的空间是弯曲的。在我们的理论直觉中，我们认为它的空间不是弯曲的。我们要谈论的东西更确切地叫做*内部*曲率：即只在局部区域进行测量就能够得出的曲率（一个圆柱面没有内部曲率）。爱因斯坦说我们的空间是弯曲的，他所指的就是这个意思。不过，到目前为止，我们仍然只是在二维的情况下定义了弯曲空间的概念；我们必须接着看一看，这个概念在三维的情况下可能会有什么意义。

123

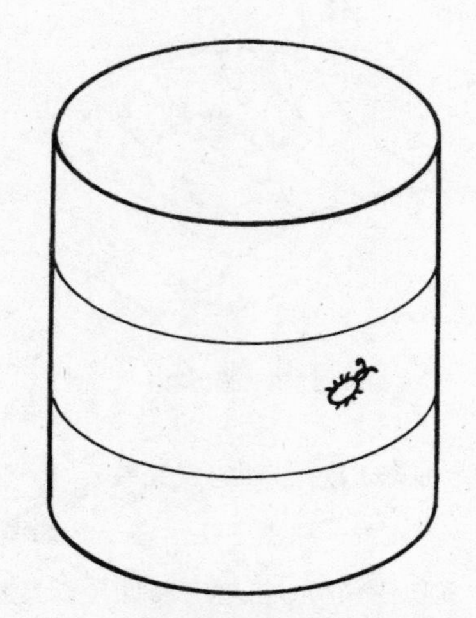

图6–14　一个内部曲率等于零的二维空间

6-2　三维空间的曲率

我们生活在三维空间中，我们准备去考察三维空间是弯曲的这样一种观念。大家会说，“可是你怎么能够想象它向任意方向弯过去呢？”唔，我们不能想象空间向任意方向弯过去，因为我们的想像力并不够（也许正因为我们不能想象得太多，所以从这个真实的世界中得不到太多的自由）。不过，我们无须跳离这个三维世界而仍然能够确定曲率。我们在二维的情况下一直在讨论的问题只不过是一种练习，显示我们怎么能够得到曲率的定义，它并不需要我们能够从外部“往里看”。

我们能够用某种方法来确定我们的世界是否是弯曲的，这种方法与那些生活在球面上或者热板上的绅士们所使用的方法非常相似。我们也许不能把这两种情形区分开，但是，我们肯定能够把这些情形与平直的空间即普通的平面区分开。怎样区分呢？太容易了：画一个三角形并测量各个内角。或者画一个大的圆周并测量其周长和半径。或者尝试画一个精确的正方形，或者构造一个立方体。对每一种情形都检验一下几何学的法则是否有效。如果这些法则失效，就认为我们的空间是弯曲的。如果画一个大的三角形而它的内角之和超过180°，就可以认为我们的空间是弯曲的。或者如果一个圆的实测半径并不等于它的周长除以2π，也可以认为我们的空间是弯曲的。

你将会注意到，在三维中情况要比在二维中复杂得多。在二维中，任何一个位置都有一个确定的曲率值。可是在三维中，曲率可以有*若干个分量*。如果我们在某个平面上画一个三角形，如果把这个三角形所在的平面指向一个不同的方向，就可以得到一个不同的答案。或者举一个圆的例子，设想我们画一个圆并测量其半径，结果与$C/2\pi$不一致，于是半径有一定的超出量。接着如图6–15所示在垂直方向再画一个圆。两个圆的半径超出量不一定精确相同。事实上，在某个面上的圆可以有正的超出，而另一个面上的圆则有缺失（负的超出量）。

124

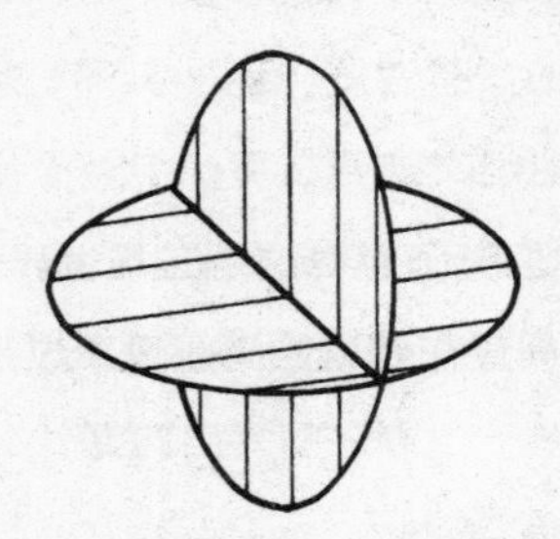

图6–15　不同指向的圆的半径超出量可以不一样

也许你正在考虑一个更好的主意：难道我们不能利用一个三维的

球来回避这些分量吗？我们可以通过画出与空间中某个点的距离相同的所有的点来确定一个球。接着，我们可以通过在球面上划分细小的矩形网格，并将所有的面积元相加来测量球面的面积。根据欧几里得几何学，我们认为，总面积A就是4π乘半径的平方；于是，可以定义一个“预期的半径”$\sqrt{A/4\pi}$。不过，我们也可以通过挖一个通向球心的洞并测量这个洞的深度来直接测量半径。像前面一样，我们可以用实测半径减去预期半径，并把这个差值叫做半径的超出量。

$$r_{\text{超出值}} = r_{\text{测量值}} - \left(\frac{\text{测得的面积}}{4\pi}\right)^{1/2},$$

这将是曲率的一个完全合适的度量。这种方法有明显的优点，它不依赖于一个三角形或一个圆怎样指向。

125

不过，一个球面的半径超出量也有不利的一面；它并没有完整地说明空间的特性。它给出的量叫做三维世界的*平均曲率*，因为其中存在一个对所有曲率的平均效应。然而，由于它是一个平均量，因此并没有完全解决确定几何结构这个问题。假如你只知道这个数字，你就不能预言空间几何结构的所有性质，因为你不可能知道不同指向的圆会发生什么变化。完整的定义需要在每一个点上用到6个“曲率数值”。数学家当然知道怎样写下所有这些数值。总有一天你可以在一本数学书中读到怎样以一种高级的和精巧的形式把它们全部写下来，不过，最好还是先粗略地了解一下你试图写出的是什么东西。就我们的大多数目的而言，平均曲率应该是够用的。[1]

6-3　我们的空间是弯曲的

下面讨论主要的问题。上一节所说的有没有道理呢？更确切地说，我们生活于其中的现实的三维空间是弯曲的吗？人类一旦有了足够的想像力去认识这样一种可能性，即空间有可能是弯曲的，头脑中自然就会产生好奇心，渴望知道真实世界是否是弯曲的。为了尝试找到答案，人们做过直接的几何测量，但并未发现对平直的任何偏离。另一 126 方面，通过对引力问题的讨论，爱因斯坦发现，空间*确实是*弯曲的，不过，我倒是愿意向各位讲一讲有关曲率数值的爱因斯坦定律讲的是什么，还要讲一讲有关他如何发现这个定律的一些故事。

爱因斯坦认为，空间是弯曲的，物质是弯曲的起因（物质也是引力的起因，因此引力与弯曲相对应——不过，这一点将在本章稍后再做介绍）。为了使事情更容易一点，我们设想，物质以某种密度连续分布，不过，物质的密度是可以随你所愿而到处不一样的，[2]爱因斯坦给出的有关曲率的规则如下：如果存在一个有物质分布于其中的空间区域，我们取一个足够小的球面，使其中的物质密度ρ近似为常数，那么，这

1. 我们应该提一下关于完整性的另外一个要点。假如你想把有关弯曲空间的热板模型扩展到三维，就必须想象，尺子的长度不仅依赖于它所处的位置，而且还依赖于把它放下时它所指的方向。这是尺子的长度依赖于所处的位置这种简单情形的一个推广，不过当指向南北、东西和上下时是相同的。假如你想用具有这种模型的任意几何体系来表示一个三维空间，那么，把它推广是必需的，尽管对于二维而言碰巧没有这种需要。

2. 没有任何人（包括爱因斯坦）知道，如果物质集中在多个点上应该如何处理。

个球面的*半径超出量*正比于球面内的质量。利用半径超出量的定义得到

$$\text{半径超出量}=r_{\text{测量值}}-\sqrt{\frac{A}{4\pi}}=\frac{G}{3c^2}\cdot M. \qquad (6.3)$$

式中G是（牛顿理论中的）万有引力常数，c是光速，$M=4\pi\rho r^3/3$是球面内的物质的质量。这就是空间平均曲率的爱因斯坦定律。

假定取地球做例子，并忽略密度处处不一样这个实际情形——这样就不需要做积分了。假定我们打算非常仔细地测量地球的表面，然后挖一个通向地心的洞并测量它的半径。利用表面积可以计算出预期的半径，这个半径可以通过令面积等于$4\pi r^2$而得到。如果把预期半径与实测半径做比较，就会发现，实测半径比预期半径大，超出的数值由公式（6.3）给出。常数$G/3c^2$大约等于2.5×10^{-29}厘米/克，因此，对于每克物质来说，实测半径偏离预期值2.5×10^{-29}厘米。把地球的质量（大约等于6×10^{27}克）代入公式，结果是，地球的实测半径比根据其表面积预期应该具有的半径值大1.5毫米。[1]对太阳做同样的计算就会得到，太阳的半径大500米。 127

大家可能注意到，这条定律说，地球表面上方的平均曲率等于零。但是，这*并不*表示曲率的全部分量是零。地球上方仍然有可能存在（实际上就是存在）某种曲率。就平面上的一个圆来说，在某个指向上，它具有正或负的半径超出量，而在另一个指向上，它却具有正负号相反

1. 是近似的，原因是密度并非像我们设想的那样与半径无关。

的半径超出量。这条定律只不过给出这样一个结果，如果球面内部没有质量，那么，对球面做平均就等于零。顺便提一下，这条定律给出，在各个曲率分量与平均曲率随位置的变化之间存在某种关系。因此，假如知道了每一点的平均曲率，就能够计算出每一点上曲率的细节。地球上方的平均曲率随高度而改变，因此，空间是弯曲的。正是这种弯曲，我们把它视为引力。

设想在一个平面上有一只虫子，并假设这个“平面”上几乎没有什么疙瘩。无论在哪里有一个疙瘩，这只虫子就会断定，它的空间有少许弯曲的局部区域。在三维中，我们有相同的推断。无论在哪里有物质团块，我们的三维空间就有局部的弯曲——一种三维的疙瘩。

假如我们在一个平面上弄上许多肿块，那么，除了所有的疙瘩之外，还有可能存在一种整体的弯曲——表面可能会变得像一个球面。由于存在像地球和太阳这样的物质团块，我们的空间是否就不但具有局部的疙瘩，而且还具有某种净余的平均弯曲，探究一下这个问题是很有意思的。天体物理学家一直在尝试通过测量极其遥远的星系来回答这个问题。例如，我们在一个遥远的球形壳层内看到的星系的数目，不同于从有关这个壳层的半径方面的知识出发预期到的数目，那么，就会得到一个非常巨大的球的半径超出量的实测值。利用这种测量可望探明，我们的整个宇宙到底是弯曲的，还是平均来说平直的——到底是像一个球那样“封闭的”，还是像一个平面那样“开放的”。大家也许听说过有关这个课题的仍然在继续着的争论。存在争论是因为天文测量的结果仍然是完全不确定的；实验数据并没有精确到足以给出一个明确的答案。遗憾的是，有关我们的宇宙在大尺度上整体弯曲的状况，我们一点都不知道。

128

6-4 时空中的几何学

下面得来谈一谈时间了。我们在狭义相对论中讲到，空间的度量和时间的度量是互相关联的。要在空间中做某件事情而又不把时间包括进去，这有点不切实际。大家应该还记得，时间的度量依赖于观测者的运动速度。例如，我们观察一个乘坐宇宙飞船从旁边经过的家伙，就会发现，事情的发生对他来讲比对我们来讲更慢。打个比方吧，他迈着轻捷的步伐走开了，当我们的手表正好走过100秒的时候就返回来，他的手表可能显示他只出去了95秒。与我们的手表比较起来，他的手表（以及所有其他的过程）一直都走慢了。

下面来考虑一个有趣的问题。设想你是乘坐在宇宙飞船中的人。我们要求你在收到一个特定的信号时就动身，并正好在收到下一个信号——我们的时钟正好走过了，比如说，100秒时——回到你出发的地点。还要求你以这样的方式做这次漫步，你的手表应该显示出尽可能长的时间间隔。你应该怎样行动呢？你应该站着不动。假如你一直在走动，那么，当你回来的时候，你的手表走过的时间就会小于100秒。

129

另一方面，设想把问题做一点改变。假定我们要求你在收到一个特定的信号时就从A点出发走到B点（这两个点相对于我们是固定的），并且要做到正好在收到下一个信号（我们那固定的时钟走过了，比如说，100秒）时回到出发点。还是要求你以这样的方式做这次漫步，使得在到达终点时，你的手表显示出尽可能长的时间间隔。你应该怎样行动呢？走哪一条路以及如何安排这次漫步才能使得当你到达终点时你的手表显示出最长的时间间隔呢？答案是，如果你以均匀的速度沿着直线做这次漫步，那么，在你看来你就会花费最长的时间。理由是：任何附加的运动和极高的速度都会使你的时钟走得更慢。（由于时间的偏差依赖于速度的平方，你在某个地方因急速运动所丢失的时间，要通过在另一个地方缓慢移动来弥补，这永远办不到。）

以上所述的要点是，我们可以利用这个观念来定义时空中的"一条直线"。空间中的一条直线的类比是，在时空中以均匀的速度沿着一个恒定的方向的运动。

在空间中距离最短的曲线，在时空中并不是对应于时间最短的那条路径，而是对应于时间*最长*的那条路径，原因就是相对论中时间项的符号这件古怪的事情。于是，"直线"运动（"匀速直线运动"的类比）就是这样一种运动，在某个时刻从一个地点拿起一只手表，以这样一种方式在另一个时刻走到另一个地点，使得这只手表显示出最长的时间。这就是我们给时空中类似于直线的东西所下的定义。

6-5　引力和等效原理

下面我们准备讨论引力定律。爱因斯坦尝试创立一个与狭义相对论相容的引力理论，狭义相对论是他在早些时候创立的理论。他苦思冥想，最终悟出了一条重要的原理，这条原理引导他得出正确的定律。这条原理是根据失重的概念提出来的，当一件物体自由下落时，它内部的所有东西似乎没有重量。比如说，一颗在轨道上运行的人造卫星就在地球的引力中自由下落，它里边的宇航员就感觉到失重。更严格地陈述时，这个概念就叫做爱因斯坦的等效原理。它来自这样一个事实，所有的物体以完全相同的加速度下落，不管这些物体的质量有多大，也不管它们由什么东西构成。假如我们有一艘“依靠惯性飞行的”宇宙飞船（因此它就处于惯性运动状态），并有一位宇航员在里边，那么，支配着宇航员和飞船下落的定律是一样的。因此，如果他站在飞船的中央，他就会停留在那里。他并不相对于飞船下落。这就是我们说他“失重了”所表示的意思。

下面，假设你乘坐在一艘正在加速的火箭动力飞船中。相对于什么在加速呢？我们就只是这么说吧，它的发动机在开动，并且产生一个推力，因此，它并不是依靠惯性飞行而处于惯性运动状态。此外，还想象你在空无一物的太空中航行，因此，实际上没有一点引力作用在飞船上。假如飞船以“$1g$”的加速度加速前进，你就能够站在“地板”上，并感受到正常的体重。还有，如果你松手放开一个球，这个球就会朝着地板“落下去”。为什么会这样呢？因为飞船正在“朝上”加速，但是，却没有力作用到球上，因此，这个球就不会加速；它将被留在后面。在飞船的里边，这个球就会显得好像具有一个朝下的、数值等于“$1g$”的加速度。

下面，我们把上述情形与在地球表面上静止不动的宇宙飞船中的情形做个比较。所有的事情都是一样的！你将受到朝向地板的力的作用，一个球将会以$1g$的加速度下落，如此等等。总之，在飞船的里边，你如何能够判断出，自己到底是停靠在地球的表面上，还是正在真空中加速前进呢？根据爱因斯坦的等效原理，假如你只是测量飞船里边发生的事情，那么，没有任何办法做出判断！

严格地说，上述说法只在飞船里边的一个点上是正确的。地球的引力场并不是绝对均匀的，因此，一个自由下落的球在不同的地点具有稍微不同的加速度——方向和大小都会改变。不过，假如我们想象一个严格均匀的引力场，那么，它在每一个细节上都完全由一个具有恒定加速度的系统来模拟。这就是等效原理的基本依据。

6-6　引力场中时钟的快慢

131

下面，我们打算利用等效原理来搞清楚在引力场中发生的一件古怪的事情。我将向大家说明在一艘火箭动力飞船中发生的一些事情，各位大概不曾预期过这些事情会在引力场中发生。设想我们把一个时钟放置在火箭动力飞船的“船头”（即放置在“前”端），并把另一个同样的时钟放置在“船尾”，如图6–16所示，我们就把这两个时钟叫做A和B吧。如果我们在飞船正在加速时比较这两个时钟，放置在船头的时钟相对于放置在船尾的时钟来说，看起来就要走得快一些。为了理解这一点，想象前面的时钟每隔1秒发射一束闪光，而你则坐在船尾对时钟B的滴答声与闪光的到达做比较。假定当时钟A发射一束闪光时，飞船在图6–17的a处，当这束闪光到达时钟B时，飞船在b处。稍后，当时钟A发射下一束闪光时，飞船将在c处，而当你看到这束闪光到达时钟B时，飞船将在d处。

132

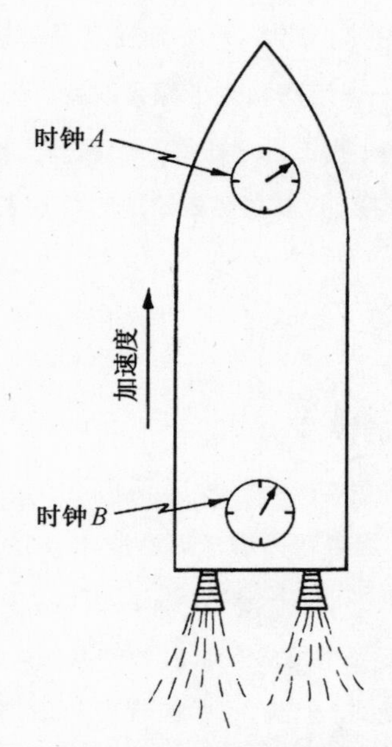

图6–16　一艘带着两个时钟的正在加速的火箭动力飞船

第一束闪光走过一段距离L_1，而第二束闪光则走过一段较短的距离L_2。距离较短的原因是飞船正在加速，因而在第二束闪光发射时具有较高的速度。于是，大家就能够明白，假如这两束闪光是从时钟A处相隔1秒发射出来的，那么，它们就会以稍微小于1秒的间隔到达时钟B处，因为第二束闪光在传播途中并没有花那么长的时间。对于所有随后的闪光，也都会出现同样的情况。因此，假如你正坐在船尾，那么，你就会断定，时钟A走得比时钟B更快。假如你打算反方向做同样的事情，即让时钟B发射闪光而在时钟A处观测，那么，你将会断定B走得比A更慢。所有的事情都吻合得天衣无缝，完全没有什么不可思议的事情发生。

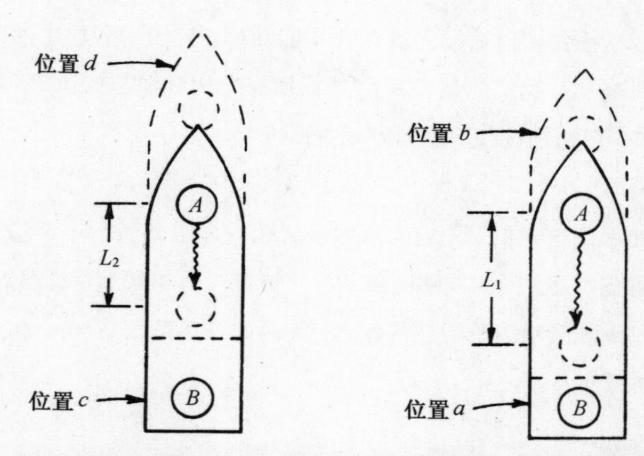

图6-17　在一艘加速前进的火箭动力飞船中，放置在船头的时钟看起来比放置在船尾的时钟走得更快

现在，我们来考虑静止在地球的引力场中的火箭动力飞船。同样的事情发生了。假如你带着一个时钟坐在地板上，并留意着另一个放置在高高的架子上的时钟，就会看到这个时钟比放置在地板上的时钟走得更快！你会说，“可这是不对的。两个时钟走过的时间应该一样。没有加速度，时钟看上去步调不一致，这没有任何理由。”不过，如果等效原理是正确的，情况就必定是这样的。爱因斯坦坚持认为这条原理*本来就是*正确的，并且大胆而恰如其分地干下去。他指出，放置在引力场中不同地点的时钟看起来必定走得快慢不一样。可是，如果一个时钟*看起来*总是与另一个时钟走得快慢不一样，那么，就第一个时钟而言，另一个时钟*就会*以不同的计时速率运转。

现在大家看到了吧，我们得到了与前述的热尺子时钟类似的东西，当时，我们让一只虫子呆在一块热板上。我们想象那些尺子和虫子等在各种温度下以相同的方式改变长度，这样，当它们在热板上四处活动时，根本不会知道它们的量尺在不断改变。处于引力场中的时钟具有同样的特性。我们放置在较高处的每一个时钟看起来都走得更快。心跳更快，所有的过程都进展得更快。

假如不是这样的话，我们就能够区分一个引力场与一个加速参考系之间的差别了。时间能够在各点不一样是一个非常难以理解的观念，不过，它是爱因斯坦所用过的观念，而且是正确的观念——信还是不信，悉听尊便。

利用等效原理能够搞清楚，一个时钟的快慢在引力场中如何随着高度而改变。我们只计算在一艘正在加速的火箭动力飞船中，两个时钟之间的表观差别。做这件事情最简单的方法是利用我们在第一卷第34章[1]有关多普勒问题中得出的结果。在那里，我们发现［参见原《物理学讲义》公式（34.14）］，假如v是发射源与接收器之间的相对速度，那么，接收频率ω通过以下公式与发射频率ω_0相联系

134

$$\omega=\omega_0\frac{1+v/c}{\sqrt{1-v^2/c^2}}. \tag{6.4}$$

现在，假如我们考虑图6–17中正在加速的火箭动力飞船，发射器和接收器在任意瞬间都以相等的速度运动。但是，在光信号从时钟A传播到时钟B这段时间内，飞船已经加大了速度。事实上，它已经获得了gt大小的附加速度，其中g是加速度，t是光从A传播到B这段距离H所需要的时间。这段时间非常接近H/c。因此，当信号到达B时，飞船的速度

---

1. 参见原《物理学讲义》。

已经增加了gH/c。在信号到达接收器的一瞬间，接收器相对于发射器总是具有这个速度。因此，这个速度就是我们将要用在多普勒频移公式（6.4）中的速度。假定飞船的加速度和长度都足够小，使得这个速度比c小得多，于是就可以忽略平方项v^2/c^2。由此得到

$$\omega=\omega_0\left(1+\frac{gH}{c^2}\right). \tag{6.5}$$

这样，对于放置在飞船上的这两个时钟就得到如下关系：

接收器的速率=发射器的速率（$1+gH/c^2$）　（6.6）

其中H是发射器高出接收器的高度。

利用等效原理可以得出，在自由下落加速度等于g的引力场中，由高度H分隔开的两个时钟必定具有相同的结果。

这是一个如此重要的观念，因此，我们愿意证明它也是根据物理学的另一条定律即能量守恒定律得出的。我们知道，作用在一个物体上的万有引力正比于它的质量M，质量通过公式$M=E/c^2$与其总内能E相联系。例如，由核反应的能量确定下来的原子核的质量，以及由原子的重量得到的质量，两者是相一致的。核反应使一个原子核蜕变成另一个原子核。

135　下面，考虑这样一个原子，它具有一个总能量为E_0的最低的能态和一个较高的能态E_1，它能够通过发光而从E_1态跳到E_0态。发出的光

的频率ω由下式给出：

$$\hbar\omega = E_1 - E_0. \tag{6.7}$$

现在，假设有这样一个处于E_1态的原子，它静止在地板上，我们把它从地板的位置带到高度为H的位置。为了做到这一点，我们在把质量$m_1=E_1/c^2$往上提时，必须克服万有引力做一些功。所做的功的数值是

$$\frac{E_1}{c^2}gH. \tag{6.8}$$

接着，让这个原子发射一个光子并跳到较低的能态E_0。随后，把这个原子带回地板上。在回程中质量等于E_0/c^2；我们取回了以下数值的能量

$$\frac{E_0}{c^2}gH, \tag{6.9}$$

这样，我们就做了等于以下数值的净功

$$\Delta U = \frac{E_1 - E_0}{c^2}gH. \tag{6.10}$$

这个原子在发射光子时要释放出能量E_1-E_0。现在，假设释放出的光子正好向下传播到地板处并被吸收。这个光子在那里会交出多少能量呢？初看起来大家也许会认为，它将交出正好E_1-E_0那么多的能量。可是，如果能量守恒的话，就不可能这样，看一看下面的讨论大家就会

明白了。我们以在地板处具有能量E_1开始。整个过程结束时，地板处具有的能量是原子处于其较低能态时的能量E_0加上从光子中得到的能量E_{ph}。其间我们必须提供由公式（6.10）给出的附加能量ΔU。如果能量是守恒的，那么，结束时地板处的能量必定大于开始时的能量，多出的能量值正好是我们所做的功。即必定有如下结果

$$E_{ph} + E_0 = E_1 + \Delta U,$$

或者

136

$$E_{ph} = (E_1 - E_0) + \Delta U \tag{6.11}$$

事情必定是这样的，这个光子*不会*带着正好等于被发射时具有的能量$E_1 - E_0$到达地板处，而是带着*更多一些*能量。不然的话，就会有一些能量丢失了。如果将由公式（6.10）算出的ΔU代入公式（6.11）中，就得出光子带着以下数值的能量到达地板处

$$E_{ph} = (E_1 - E_0)\left(1 + \frac{gH}{c^2}\right). \tag{6.12}$$

可是，一个能量等于E_{ph}的光子的频率 $\omega = E_{ph}/\hbar$ 。用ω_0表示被发射的光子的频率——根据公式（6.7），它等于 $(E_1 - E_0)/\hbar$ ——公式（6.12）的结果再次给出光子在地板处被吸收时的频率与被发射时的频率之间的关系式（6.5）。

还可以用另一种方法得出相同的结果。一个频率为ω_0的光子具有能量 $E_0=\hbar\omega_0$ 。由于能量E_0具有引力质量E_0/c^2，因此，光子具有质量（不是静质量）$\hbar\omega_0/c^2$，要被地球“吸引”。在下落距离H的过程中，它将获得附加的能量（$\hbar\omega_0/c^2$）gH，因此，它到达地板时具有如下的能量

$$E=\hbar\omega_0\left(1+\frac{gH}{c^2}\right),$$

然而，在下落之后它的频率是$E/\hbar$，这又一次给出公式（6.5）中的结果。只有当爱因斯坦有关引力场中的时钟的预言正确无误时，有关相对论、量子物理学和能量守恒的观念才会全部吻合。在一般情况下，我们正在讨论的频率改变是非常小的。比如说，在地球表面上，20米的高度差引起的频率差异只有大约2×10^{-15}。然而，就是这样一个改变，最近已经利用穆斯堡尔效应从实验上探测到。[1]爱因斯坦完全正确。

6-7 时空的曲率

下面，我们要把刚刚讨论过的问题与弯曲时空的观念联系起来。我们已经指出，假如在不同的地点时间以不同的速率演进，那么，它就类似于热板那样的弯曲空间。不过，这不仅是一个类比；它意味着时空确实是弯曲的。让我们尝试考虑时空中的某些几何学问题吧。乍一听这可能有点特别，不过，我们曾经多次画过时空图，图中距离沿着一根

137

---

1. *R. V. Pound and G. A. Rebka, Jr., Physical Review Letters* Vol.4, p.337（1960）.

轴画，时间则沿着另一根轴画。设想我们尝试在时空中画一个矩形。首先按照图6–18（a）的样子绘制一个高度H对时间的关系图。为了画出矩形的底部，找一个静止于高度H_1处的物体，沿着它的世界线画出100秒。我们得到图6–18（b）中的BD线，它平行于t轴。接着，找另一个在t=0时刻位于第一个物体上方100英尺处的物体。它在图6–18（c）中开始于A点。接着，沿着它的世界线根据A处的时钟画出100秒。这个物体从A一直画到C，如图6–18（d）所示。但是，注意到由于在两个高度处时间走得快慢不一样（假定存在一个引力场），C和D这两点并不同时。假如我们如图6–18（e）所示那样，向同一时刻位于D点上方100英尺处的C'点画一条线，试图这样来把正方形画好，这个正方形就不会闭合。这就是我们说“时空是弯曲的”这句话所要表达的意思。

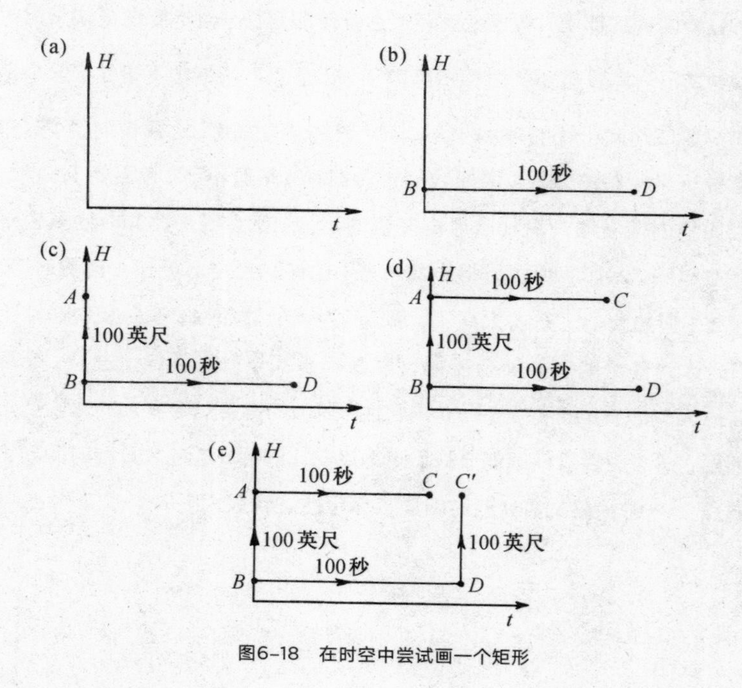

图6–18　在时空中尝试画一个矩形

6-8 在弯曲的时空中运动

我们来考虑一个有趣的智力小游戏。有两个同样的时钟A和B，它们如图6－19那样一起被放置在地球的表面上。现在，我们把时钟A提到某个高度H，在那里停留片刻，再把它放回地面，使得它刚好在时钟B走过100秒时回到原来的位置。这时，时钟A将走过大约107秒，原因是，它在被提到空中时要走得更快。下面就是我们要考虑的难题了。我们应该怎样移动时钟A才能使它尽可能走过最长的时间——始终假定它在时钟B走过100秒时返回？大家会认为，“这很简单。只要把它举得尽可能地高就行了。结果，它就会走得尽可能地快，这样，当你回来的时候，这个时钟就会走过最长的时间。”不对。你忘记了某些东西，我们只有100秒的往返时间。假如我们上升得非常高，那么，为了在100秒内到达那里并返回，就必须上升得非常快。但不要忘记狭义相对论效应，它导致运动的时钟按照因子$\sqrt{1-v^2/c^2}$的倍数走慢了。这个相对论效应趋向于使时钟A的读数小于时钟B的读数。大家看到了，这有点像玩某种策略游戏。假如我们带着时钟A站着不动，就经历100秒。假如我们慢慢地升高一点点再慢慢地下来，就会经历比100秒更长一些的时间。假如我们上升得更高一些，也许就会经历更长一些的时间。可是，假如我们上升得太高了，那么，为了到达那里，就必须快速地上升，这就有可能使时钟变慢得足以在小于100秒时回到出发点。高度与时间成怎样的函数关系——即上升多大的高度，用多大的速度到达那里，把这些因素仔细调节好，使得我们在时钟B走过100秒时回到出发点——才会使时钟A的时间读数尽可能达到最大呢？

138 139 140

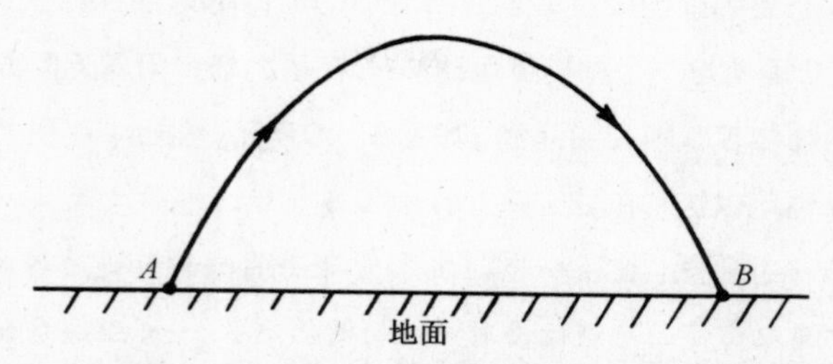

图6-19　在一个均匀的引力场中，对一段确定的持续时间，具有最大原时的轨迹是一条抛物线

答案是：计算一下需要多大的速度把一个球扔到空中，使得它刚好在经过了100秒时回落到地面上。这个球的运动过程——快速上升，减慢，停下来，往回下落——正好就是所要求的运动过程，它使固定在球上的手表显示的时间达到最大。

下面考虑一个稍微不一样的游戏。在地球的表面有两个相互隔开一段距离的点A和B。我们来玩一个前面玩过的游戏，找出我们称之为直线的线段。我们要问，从A到B应该怎样走才能使我们随身带着的手表走过最长的时间——假定出现一个给定的信号时我们就在A点动身，而当B点出现另一个信号时就到达B点，这第二个信号在一个固定的时钟走过，比如说，100秒时出现。大家马上会说"唔，我们以前就得出，要做的事情就是沿着一条直线以一个选定的均匀速度惯性滑行，以便正好在100秒后到达B点。假如我们不沿着一条直线运动，就需要更高的速度，而我们的手表就会慢下来。"可是先别着急！这是还没有考虑引力时的情况。把轨迹往上弯一点点，然后再把它弯下来不是更好吗？于是，在某一段时间内，我们不就会上升得高一点，而我们的手表不就会走得快一点吗？确实是这样的。假如你去求解这个数学问题，即调整运动曲线以便使运动手表所经历的时间尽可能达到最大，就会发现，这个运动是一个抛物线运动——在引力场中沿着无阻力弹道轨道运动的物体具有相同的曲线，如图6–19所示。因此，在引力场中的运动定律也可以这样陈述：*一个物体总是按照这样的方式从一个地点运动到另一个地点，使得一个固定在它上面的时钟所走过的时间，比按照任何其他可能的轨迹运动时走过的时间更长*——当然是在相同的起始条件和结束条件下进行。由一个运动的时钟所测得的时间常常叫做"原时"。在自由下落中，这条轨迹使一个物体的原时达到最大。

我们来看一看这一切是如何进行的。我们从公式（6.5）开始，这个公式给出运动时钟的*超出*率为

$$\frac{\omega_0 gH}{c^2}. \tag{6.13}$$

除此之外，我们还必须记住，运动速度还会引起一个符号相反的改正。我们知道这个效应的形式是

$$\omega=\omega_0\sqrt{1-v^2/c^2}.$$

虽然这个规则适用于任意的速率，不过，我们取一个速率始终远小于c的例子。于是可以将这个公式写成

$$\omega=\omega_0(1-v^2/2c^2).$$

而时钟的计时速率的亏损量就等于

$$-\omega_0 \frac{v^2}{2c^2}. \qquad (6.14)$$

141 将（6.13）和（6.14）这两项做比较就得出

$$\Delta\omega = \frac{\omega_0}{c^2}\left(gH - \frac{v^2}{2}\right). \qquad (6.15)$$

运动时钟的这种频率变化意味着，假如我们用一个固定不动的时钟测量一段时间间隔 dt，那么，运动时钟将记录到这样一个时间间隔

$$\mathrm{d}t\left[1+\left(\frac{gH}{c^2}-\frac{v^2}{2c^2}\right)\right]. \qquad (6.16)$$

沿着整条轨迹的时间超出总量等于上式中多出的两项对时间做积分，即

$$\frac{1}{c^2}\int\left(gH - \frac{v^2}{2}\right)\mathrm{d}t. \qquad (6.17)$$

这应该就是一个最大值。

gH 这一项正好就是引力势 ϕ 。我们把整个公式乘上一个常数因子 $-mc^2$ 看看会有什么结果，其中 m 是物体的质量。乘上一个常数并不会改变取最大值的条件，而负号只是把最大值变成最小值而已。于是，

公式（6.16）表示物体将按照如下条件运动

$$\int\left(\frac{mv^2}{2}-m\phi\right)\mathrm{d}t=\text{最小值} \tag{6.18}$$

上式中被积函数只不过是动能与势能之差。如果大家翻阅一下第二卷第19章[1]，就会看到，在讨论最小作用量原理时证明过，在任意势场中，一个物体满足的牛顿定律完全可以按照公式（6.18）的形式写出。

6-9 爱因斯坦的引力理论

运动方程的爱因斯坦形式——在弯曲空间中原时应该达到最大——在低速状态下给出与牛顿定律相同的结果。与卫星沿着大家能够想象出的任何其他路径运动的情形比较，当戈登•库珀做环球航行时，他的手表走得更慢。[2]

142

因此，引力定律可以用时空几何学的概念以这种不寻常的方式陈述出来。粒子总是取最长的原时——一个在时空中类似于“最短距离”的物理量。这就是在引力场中的运动定律。把这个定律写成这种形式的主要优点是，它不依赖于任何坐标系，也不依赖于确定位置的任何

1. 见原《物理学讲义》。

2. 严格地说，这只是一个*局部*的最大。我们应该这样来表述：这个原时比任何*邻近的*路径的原时大。例如，在射得非常高并向下回落的物体的抛物线轨道上的原时，与之相比，在围绕地球的椭圆轨道上，原时就无需更长。

其他方式。

下面来总结一下我们都做了些什么。我给各位讲述了两条引力定律：

（1）有物质存在时，时空的几何结构怎样变化——明确地说就是，用半径超出量表示的曲率正比于球内的质量，参见（6.3）式。

（2）假如只存在引力，物体怎样运动——明确地说就是，物体要按照这样的方式运动，使得它们在两个边界条件之间的原时是最大的。

这两条定律对应于我们早些时候讨论过的两条熟悉的定律。我们原先用牛顿有关万有引力的平方反比律和他的运动定律来描写在引力场中的运动。现在它们被前面写出的定律（1）和定律（2）取代了。这两条新的定律还对应于我们在电动力学中讨论过的定律。我们在那里讨论了由电荷产生的场所满足的规律——麦克斯韦方程组。它描述“空间”的性质如何因带电物质的出现而改变，在引力场的情况下，这是定律（1）所要解决的问题。此外，我们还讨论了有关粒子在给定的场中如何运动的规律——$d(mv)/\mathrm{d}t=q(\boldsymbol{E}+\boldsymbol{v}\times\boldsymbol{B})$。在引力场的情况下，这个任务由定律（2）来负责。

143

大家从定律（1）和定律（2）中知道了爱因斯坦的引力理论的准确的陈述方式——尽管大家通常都会发现，这个理论用一种更复杂的数学形式来陈述。不过，我们还是要做进一步的补充。正如时间的标度在引力场中随着位置而改变那样，长度的标尺也是这样的。当你到处漫游时，尺子就要改变长度。由于空间与时间结合得如此密切，因此，随着时间而发生的事情不可能不以某种方式反映到空间中来。举一个最简单的例子吧：你正飞越地球。在你看来的所谓“*时间*”，有一部分对*我们*来说是空间。因此，空间也必定起了变化。其实是整个时空由于物质的存在而被扭曲了，这个变化比只有时间标度的变化要复杂得多。不过，公式（6.3）给出的规则足以完全确定有关引力的所有规律，条件是，关于空间曲率的这个规则理所当然地不仅适用于某一个观测者，而且在所有观测者看来都是正确的。某个飞越一团物质的观测者观测到不同的质量，原因就是他所观测到的该物体掠他而过时的动能，他必须把对应于这个能量的质量算进去。这个理论必须按照这样的方式构造，使得每一个观测者——不管他如何运动——在画出一个球时就会发觉，其半径超出量是$G/3c^2$乘球内的总质量（或者更确切地说是$G/3c^4$乘球内的总能量）。这条定律，即定律（1）在任意运动的参考系中都应该成立，是重要的引力定律之一，叫做*爱因斯坦的场方程*。另一条重要的定律就是定律（2），即物体必须按照这样的方式运动，使得原时达到最大，叫做*爱因斯坦的运动方程*。

要把这些定律用完整的代数式写出来，要把它们与牛顿定律做比较，或者要把它们与电动力学联系起来，在数学上是很难的。不过，这正是今天有关引力物理学方面的最完整的定律所要寻找的发展方向。

尽管这些定律在我们考虑过的简单的例子中给出了一个与牛顿力学相一致的结果，但它们并不总是这样的。由爱因斯坦首先推导出的三个偏差值已经在实验上得到证实，它们是：水星的轨道并不是一个固定的椭圆；掠过太阳附近的星光要发生偏折，偏折量等于各位大概会预料到的值的两倍；时钟的快慢依赖于它们在引力场中所处的位置。每当人们发现爱因斯坦的预言与牛顿力学的观念不一致时，大自然就

144

选择了爱因斯坦的预言。

下面总结一下我们讲述过的问题。首先，时间的快慢和距离的大小依赖于进行测量时所处的位置和时刻。这与时空弯曲的说法是等价的。用一个球的实测面积能够确定一个预期的半径 $\sqrt{A/4\pi}$ ，但是，实测半径将会有一个超出量，它正比于球内所含的质量（比例常数是 G/c^2 ）。这个超出量确定了时空弯曲的确切程度。不管谁在观测空间中的物质，也不管这些物质怎样运动，曲率的数值必定是一样的。其次，粒子在这个弯曲的时空中沿“直线”（最大原时的轨迹）运动。这就是爱因斯坦的引力定律的真正含义。

理查德·费曼生平

理查德·费曼于1918年出生于布鲁克林[1]，1942年在普林斯顿获得博士学位。在第二次世界大战期间，尽管他年纪轻轻，就在洛斯阿拉莫斯的曼哈顿计划中起了重要的作用。战后，他在康奈尔大学和加州理工学院任教。于1965年与朝永振一郎和朱利安·施温格一起获得诺贝尔物理学奖。

费曼博士由于成功地解决了量子电动力学理论方面的问题而获得了诺贝尔奖。他还创立了一个解释液氦中的超流现象的数学理论。此后，又与默里·盖尔曼一起在诸如β衰变等弱相互作用领域从事开创性的工作。在随后的岁月里，费曼提出了高能质子碰撞过程的部分子模型，在夸克理论的发展中起了关键的作用。

除了这些成就之外，费曼博士还在物理学中引入了基础性的新的计算方法和符号，特别是无处不在的费曼图，它也许比近代科学史上任何其他的形式体系更多地改变了人们对基本物理过程进行概念化和计算的方式。

1. 美国纽约市西南部的一个区。——译者注费曼是一位卓有成效的教育家。在他所获得的众多的奖项中，他特别欣赏1972年获得的奥斯特教学勋章。1963年初版的费曼《物理学讲义》被《科学美国人》杂志的评论家誉为“难啃的但却营养丰富的美味佳肴。25年之后，它成为教师和大学新生中佼佼者的指南”。为了使广大非专业人士更多地了解物理学，费曼博士还写了《物理定律的本性》与《QED：光与物质的奇妙理论》。他还写过许多高深的论著，这些都成了研究者和学生的经典参考文献和教科书。

理查德·费曼是一位建设性的公共人物。他在“挑战者”号事故调查委员会中的工作是街知巷闻的，尤其是他证明O形环对寒冷的敏感性的出色演示，这个精彩的演示需要的只不过是一杯冰水而已。比较鲜为人知的是费曼博士在20世纪60年代为加州的课程委员会劳心费神所做的事情，当时，他对教科书的平庸无奇提出了质疑。

列举理查德·费曼在科学和教育方面的无数成就并不能充分反映他的本性。甚至他专业论著的读者也知道，费曼活泼和多面的个性闪耀在他全部的工作中。他不仅是一位物理学家，在不同的时期，他还是收音机修理工、开锁匠、艺术家、舞蹈家、手鼓表演者，甚至还是玛雅象形文字的翻译。他是一个模范的经验主义者，永远对身边的世界感到好奇。

理查德·费曼于1988年2月15日在洛杉矶去世。

名词索引[1]

A

1. 索引中的页码为书中边码，即原版书的页码。

B

C

D

E

H

I

K

L

M

N

O

P

Q

R

S

T

U

W